一、品种

彩图 1　甬榨 4 号（榨菜）

彩图 2　甬榨 6 号（榨菜）

彩图 3　永安小叶（榨菜）

彩图 4　儿菜

彩图 5　蜀芥 3 号（笋子芥）

彩图 6　甬包芥 2 号（结球芥）

慈溪大头菜　　　　甬根芥 2 号

彩图 7　慈溪大头菜和甬根芥 2 号（大头芥）

彩图 8　优选宽叶青 1 号（宽柄芥）

彩图 9　优选包包青 2 号（宽柄芥）

彩图 10　砂锅底青菜（宽柄芥）

二、栽培

彩图 11　榨菜大田直播栽培

彩图 12　四川丘陵地区榨菜栽培

彩图 13　桑树套种榨菜

彩图 14　丘陵地区果林套种芥菜

彩图 15　结球芥大田栽培

彩图 16　大叶芥栽培

三、常见病虫害

彩图 17　榨菜白锈病

彩图 18　榨菜病毒病

彩图 19　榨菜黑斑病

彩图 20　雪菜白锈病

四、收获

彩图 21　榨菜机械化采收

彩图 22　大面积雪菜收割

彩图 23　四川田间叶芥收获

五、产品加工

彩图 24　雪菜腌渍

彩图 25　雪菜加工车间

芥菜类蔬菜品种资源和高效生产技术

JIECAILEI SHUCAI PINZHONG ZIYUAN HE

GAOXIAO SHENGCHAN JISHU

孟秋峰　王毓洪　黄芸萍　主编

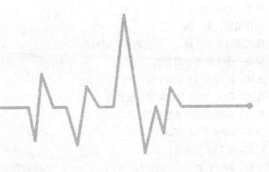

中国农业出版社

北　京

图书在版编目（CIP）数据

芥菜类蔬菜品种资源和高效生产技术／孟秋峰，王毓洪，黄芸萍主编 . —北京：中国农业出版社，2020.12
ISBN 978-7-109-27534-8

Ⅰ . ①芥… Ⅱ . ①孟… ②王… ③黄… Ⅲ . ①芥菜－蔬菜园艺 Ⅳ . ①S637

中国版本图书馆 CIP 数据核字（2020）第 209171 号

中国农业出版社出版
地址：北京市朝阳区麦子店街 18 号楼
邮编：100125
责任编辑：冀 刚
版式设计：王 晨 责任校对：刘丽香
印刷：中农印务有限公司
版次：2020 年 12 月第 1 版
印次：2020 年 12 月北京第 1 次印刷
发行：新华书店北京发行所
开本：850mm×1168mm 1/32
印张：6.75 插页：4
字数：200 千字
定价：40.00 元

主　　编：孟秋峰　王毓洪　黄芸萍

副 主 编：翁丽青　刘独臣　王旭强　周南锸　杨莺莺

参编人员（按姓氏笔画排序）：

王　洁　王　涛　王玉猛　邓俭英　任锡亮

华　颖　孙　辉　李俊星　李海波　杨文祥

陆　瑾　邵园园　林　波　郑华章　耿书德

莫依梦　贾世燕　高天一　郭焕茹　郭斯统

曹国华　曹亮亮　魏　杰

芥菜（*Brassica juncea*）原产于我国，属十字花科芸薹属作物，现已成为世界重要的蔬菜作物、油料作物和调料作物。我国芥菜分为根、茎、叶、薹四大类 16 个变种，全国各地除高寒山区（西藏）外均有栽培，以西南、华中、华东、华南等 15 个省份分布种植最为集中。芥菜类蔬菜既是重要的鲜食蔬菜，也是重要的农副加工产品，与同属的甘蓝和白菜相比较，其加工产品更是出类拔萃。据不完全统计，浙江省芥菜类蔬菜常年栽培面积在 6 万公顷左右，年加工产值达 50 亿元以上，涌现出与芥菜类蔬菜相关的著名品牌或商标有"余姚榨菜""斜桥榨菜""鄞州雪菜"等，在满足城乡居民消费需求和增加农民收入方面发挥了重要作用。

国内关于芥菜类蔬菜遗传、育种和栽培方面的研究工作与同属十字花科蔬菜的甘蓝类、白菜类、萝卜类蔬菜相比，显得较为薄弱，生产上病毒病、根肿病、霜霉病、白锈病等病害甚为严重，部分产区常出现先期抽薹、瘤状茎空心及冻害等问题，并且芥菜类蔬菜加工尚缺乏系统研究。鉴于以上现状，作为长期在我国芥菜类蔬菜主产区之一——浙江从事相关研究的科技工作者，我们最大的夙愿是撰写一本全面反映芥菜类蔬菜的科技专著。同时，为进一步加快芥菜类蔬菜优良品种及高效栽培技术的应用和推广，切实帮助广大菜农学习掌握实用技术知识、提高种植经济效益，编者在长期的科研生产实践过程中，结合浙江省的生产实际情况，同时也参考了其他地区的相关成功经验和科研成果，进行了科学总结、精心归纳，编写了《芥菜类蔬菜品种资源和高效生产技术》一书，以期能够抛砖引玉，对广大芥菜类蔬菜科技工作者、基层农技推广人员、种植基地技术和管理人员以及种植农户有所启发，从而进一步推动芥菜类蔬菜产业转型升级以及创新发展。

编者广泛收集了国内外有关资料，经过 5 次汇总讨论后，修改成书。希望本书能够成为向国内外展示我国芥菜类蔬菜研究成果，为各层次科技人员参考应用的书籍。

本书的编写得到了宁波市农业科学研究院及余姚市农林局、四川省农业科学院、广东省农业科学院、广西壮族自治区农业科学院、慈溪市农业技术推广中心等有关部门领导的关心和支持，浙江省农业技术推广中心胡美华研究员对本书的有关内容进行了审阅指正，并提供了部分相关资料。在此向他们以及本书相关参考资料的作者致以衷心的感谢。本书受宁波市种业资金项目以及宁波市领军和拔尖人才培养工程专项资助。

由于本书编写时间紧，更限于作者的水平和能力，错误和不当之处在所难免，敬请广大读者和同行专家给予批评指正！

编　者

2020 年 6 月

CONTENTS 目 录

第一章 绪 论

第一节 芥菜类蔬菜的营养价值

芥菜类蔬菜属于十字花科芸薹属一年生或二年生草本植物，原产于中国。芥菜类蔬菜多种多样，包括 4 个类群 16 个变种：①根芥：大头芥；②茎芥：笋子芥、茎瘤芥、抱子芥；③叶芥：大叶芥、小叶芥、白花芥、花叶芥、长柄芥、凤尾芥、叶瘤芥、宽柄芥、卷心芥、结球芥、分蘖芥；④薹芥：薹芥。本书介绍的芥菜类蔬菜主要包括茎瘤芥（榨菜）、大头芥（大头菜）、笋子芥（棒菜）、抱子芥（儿菜）、分蘖芥（雪菜）、宽柄芥（高菜）、结球芥（酸菜）等。

榨菜富含维生素、矿物质，磷、钙含量高过很多蔬菜，蛋白质和糖含量也较为丰富（表 1-1）。榨菜含有丰富的硫代葡萄糖苷，同时伴生有硫代葡萄糖苷酶。通常两者是分离的，只有当植物组织受到破坏时，两者才相互作用而酶解，除释放出葡萄糖和 HSO_4^- 离子外，非糖部分经过分子重排产生各种异硫氰酸酯和单质硫，或经另一类型分子重排形成硫氰酸酯。

榨菜营养丰富，味道鲜美。据测定，每 100 克干重的鲜榨菜，其蛋白质含量为 4.2 克，为甘蓝的 2 倍、大白菜的 4 倍；含糖量为 9 克，为甘蓝的 9 倍、大白菜的 4.5 倍；钙含量为 280 毫克，为甘蓝的 3.5 倍、大白菜的 12 倍；磷含量为 130 毫克，为甘蓝的 3 倍、大白菜的 4.5 倍；铁含量为 6.7 毫克，为甘蓝的 4

倍、大白菜的 22 倍。鲜榨菜中游离氨基酸含量约占干重的 20%，加工后蛋白质被水解，从而产生了更多的游离氨基酸，包括谷氨酸、胱氨酸、赖氨酸、蛋氨酸等 17 种氨基酸。此外，榨菜加工品具有一组特殊芳香成分。所以，加工后的榨菜香气横溢、滋味鲜美，为广大消费者所喜爱。

表 1-1　榨菜的营养物质含量

成分	品种					
	全碎叶鲜菜	全碎叶加工品	半碎叶鲜菜	半碎叶加工品	琵琶叶鲜菜	琵琶叶加工品
水分（%）	94.72	72.33	94.48	71.37	94.14	72.27
粗蛋白（%）	22.92	15.00	23.32	14.16	16.91	15.33
总糖（%）	17.88	3.60	16.61	4.56	24.24	4.34
维生素 C（毫克/100 克）	26.39	0	20.41	0	29.38	0
纤维（%）	10.01	—	10.76	—	11.69	—
磷（%）	0.98	—	1.01	—	0.80	—
钾（%）	3.30	—	3.50	—	3.30	—
钙（%）	0.77	—	0.88	—	0.88	—
铁（微克/克）	120	—	124	—	162	—
硼（微克/克）	14.9	—	15.7	—	12.0	—

注：每 500 克鲜重含量。

　　榨菜具有特殊的刺激性香味，其挥发性成分具有消炎、祛风和抑制甲状腺肿等药理作用。榨菜具有较强的鲜味和微带酸味。榨菜在腌制过程中，原料中的蛋白质在蛋白酶的水解下生成氨基酸。榨菜含有 17 种氨基酸，氨基酸对榨菜风味的形成具有重要的作用，其中含有的谷氨酸和天冬氨酸，是榨菜鲜味的主要来源。食盐中的钠与谷氨酸结合生成了谷氨酸钠，增强了榨菜的鲜味。榨菜中的甘氨酸和色氨酸呈现甜味。另外，榨菜中的氨基酸在酸的作用下生成醇，醇与酸生成酯，从而产生榨菜的香气。

雪菜以叶柄和叶片食用，据测定，其营养价值很高，每百克鲜雪菜中含有蛋白质 1.9 克、脂肪 0.4 克、碳水化合物 2.9 克、灰分 3.9 克、钙 73～235 毫克、磷 43～64 毫克、铁 1.1～3.4 毫克，并富含有人体正常生命活动所必需的胡萝卜素、硫胺素、核黄素、尼克酸、抗坏血酸和氨基酸等成分。氨基酸的成分达 16 种之多，其中尤以谷氨酸（味精的鲜味成分）居多。所以，吃起来格外鲜美。而且，谷氨酸、甘氨酸和半胱氨酸合成的谷胱甘肽，是人体内一种极为重要的自由基清除剂，能增强人体的免疫功能。

盐渍加工后的雪菜被称为"咸菜"，用雪菜盐渍的"咸菜"色泽鲜黄、香气浓郁、滋味鲜美，故在宁波素有"咸鸡"之美称。"咸鸡"可炒、煮、烤、炖、蒸、拌，作配料、汤料、包馅均为上品；同时，由于"咸鸡"微酸，有利于生津开胃，在炎夏酷暑时节，"咸鸡汤"是宁波人的家常汤料。美中不足的是，雪菜在盐渍过程中会由硝酸盐产生致癌物质亚硝酸盐。但硝酸盐的含量会随盐渍时间的长短发生变化，有一个由低转高、再由高转低的变化过程。据宁波万里学院杨性民、刘青梅教授研究，凡在良好的嫌气条件下，加盐 10% 的，要在盐渍 40 天后取食才安全；而加盐 6% 的，在 30 天后就可取食。同时，有研究表明，维生素 C 可减少亚硝酸盐的生成。因此，食用盐渍蔬菜，一要注意盐渍时间，二要在食用盐渍蔬菜的同时，注意配合多吃些富含维生素 C 的蔬菜或水果等，以阻止亚硝酸盐的形成。国外研究表明，每千克的腌菜中加入 400 毫克维生素 C，这时亚硝酸盐在胃内细菌作用下产生亚硝胺的阻断率可达到 75.9%。雪菜具有很好的食疗作用，它能醒脑提神、解毒消肿、开胃消食、明目利肝、宽肠通便。而且，还有减肥作用。雪菜是减肥的绿色食物代表，它可促进排出积存废弃物，净化身体，使之清爽干净。最近，科学家研究发现，雪菜还有一定的抗癌作用，并将其列入抗癌效果最好的 20 种蔬菜之一，排行第 15 位。

大头菜根肉质坚实，质地紧密、水分少、膳食纤维多，具有强烈的芥辣味，并稍带苦味，不宜生吃。大头菜含有丰富的维生素和大量的微量元素、糖类、蛋白质等，与其他绿色蔬菜相比，蛋白质、氨基酸、维生素 A、维生素 C 和胡萝卜素含量特别高；并具有提神醒脑、缓解疲劳、清热解毒、抗菌消肿、开胃理气、下气消食、温脾暖胃、利尿除湿等功效。腌制后的大头菜有绿色食品的美誉。

儿菜的膨大茎以及密集环绕于膨大茎四周的肉质状发达侧芽是其主要食用器官。儿菜肉质洁白，质地细嫩，味道清香。富含钙、铁、磷、维生素等，所含钙、磷居各类蔬菜前列，还含有较高的硫胺素（维生素 B_1）、核黄素（维生素 B_2）、烟酸（维生素 B_3）。多食可解毒消肿、防癌抗癌、清火去腻、利尿除湿等，是上佳的保健蔬菜。主作鲜食，可炒食、凉拌、做汤，也可作即食泡菜。

棒菜肉白质嫩，味甜多汁，主作鲜食，部分品种叶可作腌渍泡菜、酸菜等。富含 16 种氨基酸、维生素 C、钙、锌、胡萝卜素等，抗氧化能力强，食法多样，可以炒食、凉拌、煮汤等。

四川冬菜以大叶芥为主要原料，分为南充冬菜和资中冬尖，是四川的著名特产。南充冬菜色泽乌黑油亮，组织脆嫩，香气浓郁，风味鲜美；资中冬尖色泽金黄，质地脆嫩，菜香突出，用来煮汤、炒肉、作佐料，香气四溢，味带回甜，鲜美无比。四川冬菜主产于四川南充、资中等地，历史悠久，至今有 200 多年的历史。冬菜的营养成分较为丰富，每 100 克冬菜中含有蛋白质 9.7克、脂肪 0.6 克、碳水化合物 11.8 克、粗纤维 2.8 克、钙 300毫克、磷 210 毫克、铁 12 毫克等。

宜宾芽菜以叶用芥菜小叶芥为原料，又称"叙府芽菜"，是四川传统四大名腌菜之一，创始于 1921 年。宜宾芽菜香脆甜嫩，不但味美可口，还含有氨基酸、蛋白质、维生素、脂肪等多种营养成分，每100克芽菜中含有蛋白质4.9克、脂肪1.3克、碳水化合物35.7克、钙660毫克、磷146毫克、铁27.7毫克。其独特的风味和优异的品质备受消费者青睐。

四川泡（酸）菜以叶用芥菜宽柄芥、叶瘤芥为主要原料，制作简单，经济实惠；脆嫩芳香，风味独特，含有丰富的维生素、氨基酸。味道咸酸，口感脆生，色泽鲜亮，有开胃提神、醒酒解腻的功能。泡（酸）菜营养价值高，每100克鲜菜中含蛋白质0.9～2.8克、碳水化合物2.9～4.2克、粗纤维0.4～1克、维生素C 83～94毫克，是白菜维生素C含量的2～3倍。富含16种氨基酸，有7种人体必需氨基酸，总氨基酸约125.51克/千克，人体必需氨基酸54.7克/千克。其中，鲜味氨基酸谷氨酸和天门冬氨酸分别高达13.43克/千克和9.64克/千克。

高菜富含营养且有一定的保健价值。据测定，高菜富含各种维生素和氨基酸，特别是花青素和维生素P、维生素K含量较高。维生素A、B族维生素、维生素C、维生素D、胡萝卜素和膳食纤维素等都很齐全。据测定，每100克鲜菜含花青素2.6毫克，维生素P 0.08毫克，维生素K 0.15毫克，胡萝卜素0.11毫克，维生素B_1 0.04毫克，维生素B_2 0.04毫克，维生素C 39毫克，尼克酸0.3毫克，糖类4%，蛋白质1.3%，脂肪0.3%，粗纤维0.9%，钙100毫克，磷56毫克，铁1.9毫克。同时，由于叶片呈紫色，按照蔬菜营养的高低遵循由深色到浅色的规律，其营养成分仅次于黑色蔬菜，而远远高于绿色、红色、黄色、白色的蔬菜。因此，高菜与其他紫色蔬菜一样，应归属于营养丰富的高档甲种蔬菜。

第二节 芥菜类蔬菜的产业发展现状

芥菜原产于我国，是世界重要的蔬菜作物、油料作物和调料作物。在印度、加拿大等国，芥菜主要作为油料作物进行栽培。

芥菜类蔬菜是我国重要的鲜食蔬菜和精深加工蔬菜之一，包括茎瘤芥、分蘖芥、大叶芥、结球芥、大头芥等 16 个芥菜变种，加工鲜食兼用。全国各地除高寒山区（西藏）外均有栽培，以西南、华中、华东、华南等 15 个省份分布种植最为集中。芥菜既是重要的鲜食蔬菜，也是重要的农副加工产品，与同属的甘蓝和白菜相比较，其加工产品更是出类拔萃。我国是世界上唯一生产榨菜的国家。重庆"涪陵榨菜"、浙江"余姚榨菜"和"斜桥榨菜"早已驰名中外。目前，中国大面积栽培的芥菜种类主要包括：茎瘤芥（榨菜）、大头芥（根芥）、分蘖芥（雪菜）、宽柄芥（酸菜）、结球芥（梅菜）、大叶芥（冬菜）、小叶芥（芽菜）、抱子芥（儿菜）、笋子芥（棒菜）9 个变种；并已形成了诸如重庆、四川、浙江的榨菜，四川、湖北、江苏、云南的大头菜，浙江、湖南、湖北的雪菜或梅干菜，四川、广东、贵州的酸菜和盐酸菜，四川的冬菜和芽菜等众多名特产品。在国内外市场大受欢迎，许多产品已成为国家名牌产品和驰名商标，也是出口创汇的拳头产品。

目前，全国芥菜类蔬菜常年栽培面积已达 1 500 万亩*以上，产量约 4 500 万吨，产值 2 000 亿元以上。其产业链长，在蔬菜产业以及人们日常生活中占有十分重要的地位，为我国农业产业结构调整、精准扶贫和乡村振兴等方面作出了较大贡献。据初步统计，目前全国芥菜类蔬菜年加工产品 2 000 万吨左右，累计产值达 600 亿元以上，稳定出口达 20 万吨以上，创汇 2 亿美元左右。2013 年，仅重庆市榨菜种植面积就突破 8.3 万公顷，榨菜产量 200 万吨，产销成品榨菜 70 万吨，榨菜产业总收入近 80 亿元。浙江省榨菜常年栽培面积在 2.7 万公顷以上，年产量 120 万吨，榨菜年产值 3 亿～5 亿元，榨菜原料年加工量近 100 万吨，年加工产值达 25 亿元左右。四川泡（酸）菜常年种植面积在

---

* 亩为非法定计量单位。1 亩＝1/15 公顷。

3.3 万公顷以上，年产量达 300 万吨，产值 4 亿元以上，加工产值 40 亿元以上。

一、存在问题

长期以来，由于多种原因，我国对芥菜类蔬菜的基础研究及品种选育重视程度不够，研发投入不足，导致芥菜类蔬菜育种水平明显滞后，育种技术及手段相对单一。目前，我国芥菜类蔬菜的育种技术是以系统育种、有性杂交和杂种优势育种为主，而细胞工程育种、分子育种等应用较少。

（一）现有品种及综合品质难以满足生产发展的需要

目前，我国芥菜类蔬菜生产上主要使用地方常规品种，"品种单一"或"多杂乱"现象较为突出，更缺乏优质高产、适合鲜食和加工的专用优良品种（腌制加工品种通常味苦不适合鲜食，而鲜食品种通常含水量高不适合腌渍加工），给芥菜产业向多元化发展带来了品种障碍。现有品种总体抗病性较差，特别是抗病毒病、根肿病、霜霉病的品种更是奇缺，造成芥菜类蔬菜生产基地的原料产品经常因病虫害而减产或绝收，商品质量也大幅度降低。此外，生产上也常发生未熟抽薹和腋芽抽生等现象，造成芥菜类蔬菜产量大幅度下降。不同熟性、不同季节品种类型很少，生产上更缺乏合理的品种搭配，致使在同一基地种植的时间及产品收获期都很集中，影响了芥菜类蔬菜产品的周年供应，无法满足人们对芥菜类蔬菜产品的多元化消费需求，更不能解决芥菜类蔬菜精深加工企业周年生产对原料的平衡供应问题。

（二）芥菜高效安全生产栽培技术不配套不完善

即便同一地区不同的芥菜栽培目的需要，甚至是生态气候发生了明显变化的地区，只要是芥菜种植栽培，大多仍沿袭运用传统经典的栽培技术，没有"因时因地"和"栽培目的不同"适时适地研究并推广应用科学先进的高效安全生产栽培技术。当前，大面积生产急需轻简、高效、安全、标准化的实用技术，以减少生产成本、减轻劳动强度，提高劳动生产效率。而作为较高繁重体力劳动支撑的芥菜类蔬菜生产在这方面突显空白。

（三）缺乏规模化、标准化芥菜种子生产基地及技术

就全国而言，虽然芥菜类蔬菜种植遍及 30 个省份，在南方15 个省份集中种植栽培也比较普遍。但目前仅有很少的单位建立了规模化、标准化的芥菜良种繁（制）种基地，其他均无专业的种子生产基地。此种状况不但导致供作芥菜商品化生产基地的种子质量难以保证，也常因种子数量不足，限制了种植规模不断扩大。

（四）采后储藏和产品加工的技术有待提高

芥菜产品的采后储藏保鲜技术严重缺乏，加工工艺和产品品质有待提高，适合多元化消费需求的加工产品也有待开发，芥菜综合开发利用率更需要大幅度提高。例如，目前对榨菜作物器官的利用往往偏重于瘤状茎的生产与加工，而对大量的榨菜叶片多数则采取废弃处理。

二、建议及对策

与十字花科其他作物相比，芥菜的基础研究及新品种选育起步较晚，研究相对薄弱。但是，展望未来，芥菜作为我国特有的蔬菜，相关的研究还是有很大的发展潜力，具体可以实施的研究方向如下。

（一）芥菜种质资源的鉴定和新种质的创制

挖掘克隆抗病、抗逆及重要农艺性状等优异基因并对其进行功能分析，进一步分析芥菜类蔬菜起源和进化的途径。开展芥菜产量、品质相关性状分子标记开发，如芥菜耐抽薹、根茎膨大、柄肋增宽增厚、分蘖多等。可以通过远缘杂交的方式，充分利用芸薹属或其他作物的优良性状创制芥菜新种质。

（二）芥菜新品种选育

目前，芥菜类蔬菜生产中出现新的流行病害，如芥菜病毒

病、白锈病等。其中，生产上综合抗性好的芥菜品种尚未出现，选育广谱抗性品种迫在眉睫。另外，由于我国农村劳动力人口逐年减少，芥菜品种转型升级的目标主要是降低劳动力成本。因此，选育适宜机械化采收的品种已是迫在眉睫。

（三）芥菜储藏保鲜加工机理、新技术和新产品

芥菜富含芥子油苷，腌制加工后生成异硫氰酸酯类芳香物质，俗称"菜香"。由蛋白质水解所生成的各种氨基酸具有一定的鲜味。应深入进行芥菜加工风味物质及形成机理方面的研究。研究安全高效保鲜剂、专用保鲜膜以及气调储藏和控温储藏等关键技术。研究芥菜加工新工艺，开发芥菜速食新产品。随着人们对健康饮食的日益关注，高盐腌制的弊端日益突显，芥菜产品正向着"安全化、低盐化、营养化、方便化"的方向发展。

第二章 茎用芥菜

茎用芥菜是以膨大的茎为产品器官的芥菜类蔬菜，鲜销、加工均宜，包括茎瘤芥（榨菜）、抱子芥（儿菜）、笋子芥（棒菜）。主要栽培地区为浙江、重庆和四川等。茎用芥菜类型很丰富，榨菜、儿菜、棒菜在不同的地区都有较大的种植面积。鲜食型榨菜菜头品质好，其谷氨酸和天门冬氨酸含量相当丰富，是一种营养丰富的蔬菜。儿菜具有芥菜的清香，清甜而不带苦味，品质细嫩，味道鲜美，并有防唇干、清败火、去油腻的功效，是食疗保健的蔬菜佳品。儿菜富含多种维生素和矿物质，质地细嫩，爽脆可口，味道鲜美，是宴席上的佳蔬，在浙江及上海地区种植面积呈逐步扩大的趋势，市场需求量极大。棒菜又名笋子芥，其特点是茎部膨大呈肥胖的棒状肉质，以四川盆地的肉质茎膨大最为充分，是主要的食用器官；在长江中下游地区则多为茎叶兼用，肉质茎皮较厚，含水量较高，质地柔嫩，主作鲜食，不宜加工，是冬末春初重要的蔬菜之一。

第一节 榨 菜

一、国家登记的主要榨菜品种简介

1. 达格乐 该品种由四川省绵阳福诚高科农业有限公司育成，来源于涪陵榨菜变异株。早中熟，四川地区秋季播种从定植至始收 75 天左右。株高 55～65 厘米，开展度 60～65 厘米。叶片椭圆形，叶色深绿，最大叶长 25 厘米，宽 20 厘米，叶柄长 18 厘米，叶面微皱，叶缘细锯齿。瘤茎纺锤形，瘤茎纵径 11～13 厘米、横径 9～12 厘米，皮色青绿，每一叶基外侧着生肉瘤 2～3 个，间沟浅，抽薹晚，平均单株净重 280 克；口感嫩脆。瘤茎含水量 94.3%，瘤茎空心率为零，加工菜形指数 1.05，粗蛋白 29.12%，粗纤维 4.39%，加工成菜率 32.5%。中抗病毒病、根肿病、霜霉病；抗先期抽薹性较强，耐寒性中等。

2. 涪临一号 该品种由四川省绵阳市华夏现代种业有限公司育成，来源于涪陵榨菜变异株。早中熟，四川地区播种从定植到始收 70 天左右。叶片椭圆形，叶色深绿，叶面微皱，叶缘细锯齿。植株高 45～55 厘米，开展度 55～60 厘米。瘤茎近圆形，绿色，无蜡粉，瘤茎纵径 10～15 厘米、横径 10～13 厘米，平均单株净重 250 克；间沟浅，口感嫩脆。瘤茎含水量 94.2%，加工菜形指数 1.1，加工成菜率 32.5%，瘤茎空心率为零，粗蛋白 8.12%，粗纤维 5.22%。中抗病毒病、根肿病、霜霉病；抗先期抽薹性弱，耐寒性中等。

3. 翠永朗 该品种由四川省绵阳市全兴种业有限公司育成，来源于龙水榨菜变异株。早中熟，四川地区秋季播种从定植至始收 70～80 天。植株高 50～60 厘米，开展度 55～60 厘米。叶片椭圆形，叶色深绿，最大叶长 25 厘米，宽 20 厘米，叶柄长 18 厘米，叶面微皱，叶缘细锯齿。瘤茎纺锤形，瘤茎纵径 12～15 厘米、横径 10～12 厘米，皮色青绿，每一叶基外侧着生肉瘤 2～3 个，间沟浅，抽薹较晚，单株肉瘤平均净重 275 克。瘤茎含水量 94.4%，加工菜形指数 1.15，瘤茎空心率为零，粗蛋白 28.04%，粗纤维 3.57%，加工成菜率 31.8%。中抗病毒病、根肿病、霜霉病；抗先期抽薹性较强、耐寒性中等。

4. 蜀信 1 号 该品种由四川蜀信种业有限公司育成，来源于涪陵榨菜地方品种三转子。中晚熟，开展度 70 厘米，株高 52 厘米，从定植至始收 165 天。最大叶长 70 厘米，宽 30 厘米，叶柄长 25 厘米，3～4 对叶片，微皱，叶缘细锯齿。瘤茎呈短纺锤形，长 11 厘米，横径 11 厘米，皮色绿白色，每一叶基外侧着生肉瘤 3 个，间沟 4 厘米，抽薹晚，单株肉瘤重 550 克。瘤茎含水量 92.7%，加工菜形指数 1.2，瘤茎空心率为零，粗蛋白26.3%，粗纤维 11%，加工成菜率 34%。中抗病毒病、霜霉病，感根肿病；抗先期抽薹性好，抗寒性较强。

5. 蜀信 2 号　该品种由四川蜀信种业有限公司育成，从涪陵榨菜永安小叶变异株中系统选育而成。中熟，播种至收获 150天。株高 58 厘米，开展度 67 厘米。叶绿色，倒卵形，最大叶长约 68 厘米，宽约 36 厘米，叶柄长 23 厘米，叶面微皱，刺毛稀疏，蜡粉少，叶缘细锯齿，裂片 2～3 对。膨大茎呈卵圆形。瘤茎纺锤形，纵长约 13 厘米，横径约 10 厘米，每一叶外侧着生肉瘤 2 个，肉瘤较大而钝圆，间沟较浅，抽薹迟。单株肉瘤重 500克左右。瘤茎含水量 92.5%，加工菜形指数 1.2，瘤茎空心率为零，粗蛋白 27.2%，粗纤维 10.7%，加工成菜率 34%。中抗病毒病、霜霉病，感根肿病；抗先期抽薹性较好，抗寒性较强。

6. 正榨二号　该品种由重庆方正农业有限公司育成，从地方良种鹅公包榨菜变异株选育成功。中熟，营养生长期 120～130 天。株高 60～65 厘米，开展度 58～62 厘米。板叶，叶长椭圆形，叶面微皱，叶缘波状，叶色绿，叶长 60～70 厘米，叶宽35～40 厘米，叶柄长 6～8 厘米，叶柄宽 4～5 厘米，鲜菜头平均重 480 克，肉瘤凸起钝圆形，瘤间沟浅，皮薄色绿。瘤茎含水量 91%，菜形指数 1.09，瘤茎空心率 9.5%，粗蛋白 2.03%，粗纤维 0.78%，成菜率 35.6%。高感病毒病、根肿病，感霜霉病；抗先期抽薹能力较弱，抗寒性强。

7. 正榨一号　该品种由重庆方正农业有限公司育成，来源于永安小叶变异株。营养生长期 115～130 天。株高 53 厘米，开展度 55～60 厘米。叶长椭圆形，叶面微皱，叶缘波状，叶色绿，叶长 50～60 厘米，叶宽 25～28 厘米，叶柄处对裂叶片 3～4 对，叶柄窄，柄长5～6厘米，鲜菜头平均重430克，肉瘤凸起钝圆形，瘤间沟浅，皮薄色绿。瘤茎含水量87.6%，菜形指数1.08，瘤茎空心率7.0%，粗蛋白1.92%，粗纤维0.65%，成菜率34.7%。高感病毒病、根肿病，感霜霉病；抗先期抽薹性较弱，抗寒性较强。

8. 秋翠 该品种由四川省绵阳市华灵高科良种繁育研究中心育成，来源于ZC18-12×HL18-368。早中熟。从定植至始收105天左右。株高60厘米，开展度55～60厘米。叶片卵圆形，叶片绿色，最大叶长59厘米左右，叶宽29厘米左右，叶柄长4～5厘米。叶面微皱，叶缘有细锯齿。瘤状茎纺锤形，瘤茎上每一叶基外侧着生肉瘤3个，肉瘤钝圆，沟间浅，平均重量420克左右。瘤茎含水量94.2%，粗蛋白11.02%，粗纤维1.74%，加工成菜率38%。中抗病毒病、霜霉病；耐根肿病，耐抽薹，耐湿中等。

9. 南峰陵阳 该品种由四川省绵阳市南峰蔬菜研究所育成，来源于涪陵榨菜变异株。早中熟，四川地区从定植到始收75天左右。株高50厘米左右，开展度60厘米左右。叶片倒卵圆形，叶色青绿，叶面微皱。瘤茎纺锤形，绿色，无蜡粉，纵径11～13厘米，横径9～11厘米，平均单株净重280克，口感嫩脆。瘤茎含水量94.2%，加工菜形指数1.05，粗蛋白11.60%，粗纤维1.74%，加工成菜率32.0%。中抗病毒病、根肿病、霜霉病；抗先期抽薹性中等，耐寒性中等。

10. 红榨一号 该品种由重庆方正农业有限公司育成，来源于重庆农家品种红筋青菜头变异株。早熟，营养生长期100～120天。株高50厘米，开展度50～55厘米。叶长椭圆形，叶面微皱，叶缘波状，叶色绿，叶脉红色明显，叶长45～50厘米，叶宽22～25厘米，叶柄处对裂叶片4～5对，叶柄窄，柄长6～7厘米；肉瘤凸起钝圆形，皮薄色绿，肉白色，鲜菜头平均重350克。

11. 永安白叶　该品种由重庆方正农业有限公司育成，来源于农家自留种——白大叶系统选育。株高 40～45 厘米，开展度 55～60 厘米。叶椭圆形，叶色浅绿泛白，叶面微皱，叶缘细锯齿，叶片较直立、无蜡粉。瘤茎近圆球形，皮色浅绿，无蜡粉，无刺毛，瘤茎上每一叶基外侧着生肉瘤 2～3 个，肉瘤钝圆，间沟浅。

12. 永安川叶　该品种由重庆市永川区优兵蔬菜种苗有限责任公司育成，来源于万州榨菜变异株。晚熟，重庆地区秋季种植从定植到始收 120 天左右。株高 45～50 厘米，开展度 55～60 厘米。最大叶长 50～55 厘米，宽 20～25 厘米，裂片 3～4 对，叶背少量刺毛。瘤茎近圆形、绿色、无蜡粉，瘤茎上每一叶基外侧着生肉瘤 2～3 个，间沟浅，平均单株净重 0.8 千克。

13. 涪杂 2 号　该品种由重庆市渝东南农业科学院育成，来源于 96154－5A×920145。株高 49.0 厘米，开展度 64.5 厘米。叶长椭圆形、叶色绿、叶面微皱、无蜡粉、少刺毛，叶缘不规则细锯齿，裂片 4～5 对；瘤茎近圆球形、皮色浅绿，瘤茎上每一叶基外侧着生肉瘤 3 个，中瘤稍大于侧瘤，肉瘤钝圆，间沟浅。

14. 涪杂 1 号　该品种由重庆市渝东南农业科学院育成，来源于 118－3A×154。株高 51 厘米，开展度 58 厘米。叶长椭圆形，叶色绿色，叶面中皱，叶缘近全缘，裂片 2～3 对，叶柄长 3 厘米。瘤茎近圆形，横径 9.5 厘米，纵径 11 厘米，鲜重 400 克左右，皮色浅绿，瘤茎上每一叶基外侧着生肉瘤 3 个，肉瘤钝圆，中瘤稍大于侧瘤，间沟浅。

15. 小叶绿宝　该品种由四川省绵阳市全兴种业有限公司育成，来源于永安小叶变异株。早中熟，四川地区从定植到始收 65 天左右。植株高 50～55 厘米，开展度 55～60 厘米。叶片椭圆形，叶色深绿，叶面微皱，叶缘细锯齿。瘤茎近圆形，绿色，无蜡粉，瘤茎上每一叶基外侧着生肉瘤 2～3 个，间沟浅。瘤茎纵径 12～16 厘米，横径 10～13 厘米，平均单株瘤茎重 300 克，口感嫩脆。

16. 华榨 1 号 该品种由重庆三千种业有限公司育成,从常规良种永安小叶群体中发掘自然变异单株,经系统选育而成。株高约 55.0 厘米,开展度约 60.0 厘米。叶长椭圆形,叶色绿,叶面微皱,无蜡粉,无刺毛,叶缘不规则粗锯齿,裂片 3~4 对。瘤茎偏圆形,皮色浅绿,无刺毛,无蜡粉,瘤茎上每一叶基外侧着生肉瘤 2~3 个,间沟浅。既可作加工榨菜原料种植,也可作鲜食栽培,但主作榨菜加工。

17. 少叶青佳 该品种由四川省绵阳市福诚高科农业有限公司育成,来源于草腰子变异株。早中熟,四川地区从定植到始收 65 天左右。植株高 50~55 厘米,开展度 55~60 厘米。叶片卵圆形,叶色深绿,叶面微皱,叶缘细锯齿。瘤茎近圆形,皮色绿,无蜡粉,瘤茎上每一叶基外侧着生肉瘤 2~3 个,间沟浅;瘤茎纵径 12~16 厘米,横径 10~12 厘米,平均单株瘤茎重 280 克。口感嫩脆,叶和瘤茎均可食用。

18. 永安传奇 该品种由彭洪权育成,由农家自留种变异株系选而来。加工鲜食兼用型常规种。株高 60~65 厘米,开展度 65~70 厘米。叶片阔卵圆形,深绿色,最大叶长 65 厘米,宽 30 厘米,叶柄长 3.0 厘米,裂片 1~3 对,叶面微皱,叶缘具细锯齿。瘤茎扁圆形,上下扁平,纵径 12.3 厘米,横径 13.9 厘米,皮色浅绿,每一叶基外侧着生肉瘤 3 个,中瘤稍大于侧瘤,肉瘤大而钝圆,间沟浅。

19. 永安少叶 该品种由重庆三千种业有限公司育成,从常规良种永安小叶群体中发掘自然变异单株,经系统选育而成。株高 50~55 厘米,开展度 60~65 厘米。最大叶长 55~60 厘米,宽 20~25 厘米,裂片 3~4 对,叶片较永安小叶少 1~2 片,叶背被少量刺毛。营养生长期 130~135 天。瘤茎膨大期 80~85 天,瘤茎近圆形,绿色,无蜡粉,瘤茎上每一叶基外侧着生肉瘤 2~3 个,间沟浅。

20. 玉叠 该品种由云南省楚雄市太乐种业有限公司育成，从楚雄农家品种中系统选育而成。植株生长势强，株型较大，板叶型，叶阔大，叶缘浅锯齿，叶色绿，腋芽肥大，白绿色，粗壮抱合，紧密。生育期157天，成株腋芽平均22个，单株重3～4千克，净菜率45％。抗霜霉病、花叶病能力强，感根肿病。腋芽皮薄，纤维少，口感好，品质优良。

21. 甬榨5号 该品种由宁波市农业科学研究院和浙江大学联合选育而成。加工型榨菜杂交种。播种至瘤状茎采收170天左右。半碎叶型，植株较直立，株型紧凑，株高60厘米左右，开展度约42厘米×61厘米。最大叶长和叶宽分别为67厘米和35厘米，叶色较深。瘤状茎高圆球形，顶端不凹陷，基部不贴地，瘤状凸起圆浑、瘤沟浅；茎形指数约1.1，平均瘤状茎重413克。商品率较高，加工品质好。较耐寒。抗病毒病，中抗根肿病、霜霉病。耐先期抽薹，抗寒性较好。

22. 甬榨2号 该品种由宁波市农业科学研究院和浙江大学联合选育而成。中熟，生育期175～180天，半碎叶型，株型较紧凑，生长势较强，株高55厘米，开展度39厘米×56厘米。叶片淡绿色，叶缘细锯齿状，最大叶60厘米×20厘米。瘤状茎近圆球形，茎形指数约1.05，单茎重250克左右，膨大茎上肉瘤钝圆，瘤沟较浅，基部不贴地；加工性好，出成率较高，抽薹迟。中抗病毒病、根肿病和霜霉病。耐先期抽薹，抗寒性较好。

23. 甬榨1号 该品种由宁波市农业科学研究院育成。早熟春榨菜品种，瘤状茎呈高圆形，皮色浅绿，茎上瘤状突起排列为3层，肉瘤较大而多，瘤沟较浅，瘤状茎茎形指数约1.1，鲜重250～300克，皮薄筋少，易脱水，加工品质好。在宁波地区自播种到采收约170天，采收期较目前常用中熟品种提早5～7天。适应性强，不易抽薹，不易空心。

24. 甬榨4号 该品种由宁波市农业科学研究院育成。早中熟，板叶型榨菜。株高52厘米，开展度65～70厘米。叶面光滑，叶缘波状，最大叶长和叶宽分别为 59 厘米和 29 厘米。瘤状茎近圆形，瘤状凸起圆滑，瘤沟浅；瘤状茎茎形指数 1.1，瘤状茎平均重量 420 克；瘤状茎基部不贴地，皮薄，质地脆嫩。不易抽薹，不易空心。易脱水。耐先期抽薹，耐寒性较强。

二、榨菜栽培技术

（一）浙江榨菜栽培技术

榨菜是浙江省的主要经济作物之一，榨菜播种时间正好是蚜虫危害严重的时期，对榨菜播种育苗十分不利，易引起病毒病危害，对产量、质量影响很大。近年来，榨菜病毒病危害重、面积大，有的地块甚至绝产。根据历年研究结果，榨菜病毒病的发生主要是育苗期间蚜虫危害的结果。

1. 播种育苗 余姚市农业技术推广服务总站联合余姚市黄家埠镇农业技术推广站在榨菜育苗期间，通过不同的设施覆盖来防治病毒病，设防虫网、遮阳网、银色地膜和常规育苗共 4 个处理：

（1）防虫网。播种后立即搭好小弓棚（高度 1.2 米），把防虫网遮盖严实到移栽，以防蚜虫危害，遇农事操作，揭掉防虫网，操作完毕立即盖好。

（2）遮阳网。榨菜出苗后，采用遮阳网覆盖（高度 70 厘米），通过降低地温的方法来避蚜，遇阴雨天不盖。

（3）银色地膜。播种后，四周铺设宽 1 米的银色地膜驱蚜。

（4）常规育苗，即无设施常规育苗。每个处理的面积均为 10 平方米，施肥及防治病虫害等有关农事操作一致，每个处理的秧苗生长期都不防治蚜虫。2003 年 10 月 5 日播种，10 月 7～15 日进行遮阳网和常规处理，在天气晴朗的时候，每天分别在 9：00、14：00 和 16：30 测地表温度 3 次（表 2-1）。各处理在苗期定期调查蚜虫危害数量。移栽后，调查榨菜的农艺学性状（表 2-2、表 2-3），观察病毒病发生情况。

表 2-1　晴天不同时间地表平均温度变化情况（播种 10 月 5 日）

处理	遮阳网			常规		
时间	9:00	14:00	16:30	9:00	14:00	16:30
温度（℃）	19.3	26.1	22.0	23.0	30.2	25.7

表 2-2　出苗后 40 天生育情况

处理	防虫网			遮阳网			银色地膜			常规		
性状	株高（厘米）	叶数	最大叶（厘米）	株高（厘米）	叶数	最大叶（厘米）	株高（厘米）	叶数	最大叶（厘米）	株高（厘米）	叶数	最大叶（厘米）
数值	23.8	3.3	9.5×27	14.2	2.5	7.3×19.7	17.0	3.0	6.8×19	9.7	2.8	6.0×13

表 2-3　移栽后农艺学性状（移栽 11 月 26 日）

时间	12 月 15 日				1 月 15 日				2 月 15 日			
处理	株高（厘米）	叶数	开展度（厘米）	最大叶（厘米）	株高（厘米）	叶数	开展度（厘米）	最大叶（厘米）	株高（厘米）	叶数	开展度（厘米）	最大叶（厘米）
防虫网	17.6	3.7	26.0×13.2	20.2×9.0	10.5	3.6	34.0×14.0	21.5×9.7	30.3	3.7	26.5×19.0	29.3×13.2
遮阳网	8.2	3.0	19.5×10.0	14.6×6.0	7.0	3.0	22.0×11.3	14.5×6.6	20.1	3.1	20.2×15.0	18.2×9.6

　　到移栽时，防虫网内秧苗未见有明显病毒病苗，遮阳网处理还有健株 56 株可移栽，其他 2 个处理无健株可移栽。据 2004 年 1 月 15 日调查，防虫网处理的病毒病苗占总苗数的 9.94%，遮阳网处理的病毒病苗占总苗数的 67.86%。据 2004 年 2 月 15 日调查，防虫网处理发生病毒病苗数 130 株，占 18.2%；遮阳网处理发病数量与 1 月 15 日的数量相比，没有显著差异。而常规大田育苗期防治蚜虫 4 次，到 2 月 15 日调查病毒病发生率只有 9.2%。

　　为切实解决榨菜病毒病问题，有效提高产量，桐乡市农业技术推广中心以浙桐 1 号为试验材料，进行了不同播种期试验，以期筛选出播种期。设 5 个播种期：播期 1、播期 2、播期 3、播期 4、播期 5，分别为 2012 年 9 月 25 日、9 月 30 日、10 月 5 日、10 月 10 日和 10 月 15 日。

　　榨菜从播种至结球，为 105～107 天，5 个处理差异不大；从播种至收获，为 169～184 天。其中，9 月 25 日早播的榨菜，生育期最长，为 184 天；10 月 15 日播种的榨菜，生育期最短，为 169 天；10 月 5 日和 10 月 10 日播种的榨菜，生育期差异不大，分别为 172 天和 173 天（表 2-4）。

表 2-4　不同播种期对榨菜生育期的影响

处理	播种期（月-日）	出苗期（月-日）	移栽期（月-日）	结球期（月-日）	收获期（月-日）	播种至结球期（天）	播种至收获期（天）
播期 1	9-25	10-2	10-27	1-10	3-27	107	184
播期 2	9-30	10-5	10-30	1-14	3-25	106	177
播期 3	10-5	10-9	11-5	1-18	3-25	105	172
播期 4	10-10	10-14	11-10	1-24	4-1	106	173
播期 5	10-15	10-20	11-20	1-28	4-1	105	169

　　由表 2-5 可知，不同播期处理中，10 月 5 日播种，单球重最重，为 155.6 克；其次为 10 月 10 日播种，单球重为 150.5 克；9 月 25 日播种，单球重最轻，为 137.4 克。

表 2-5　不同播种期对榨菜农艺性状的影响

播种时间	单球重（克）	外叶数（张）	球型		球型指数
			球高（厘米）	直径（厘米）	
9 月 25 日	137.4	5	6.3	6.4	0.98
9 月 30 日	143.2	6.4	8.3	5.75	1.44
10 月 5 日	155.6	6.1	8.5	6.4	1.33
10 月 10 日	150.5	5.3	6.7	6.9	0.97
10 月 15 日	144.4	4.7	6.6	6.5	1.02

根据病毒病调查，从播期上看，播种期早，发病也早，发病率高；随着播种期的推迟，发病率逐渐降低。其中，10月15日播种的，发病指数最低，为9.08；10月5日播种的，发病指数为12.68；9月25日播种，发病指数最高，为30.94（表2-6）。

表2-6　不同播种期对榨菜病毒病发病率的影响

调查日期	病情指数				
	9月25日	9月30日	10月5日	10月10日	10月15日
4月4日	30.94	22.14	12.68	11.14	9.08

注：病情指数 $= \dfrac{\sum\left[各级病叶数\times相应级数\right]}{调查总叶数\times最高分级数}\times100$

不同播期处理，亩产为2 640.57～3 942.98千克（表2-7）。其中，10月5日播种（播期3）与10月10日播种（播期4）两个处理产量相近，10月5日播种的亩产最高，为3 942.98千克，10月10日的亩产为3 701.50千克；9月25日（播期1）的亩产最低，为2 640.57千克；9月30日播种的（播期2）与10月15日播种的（播期5）亩产较低，分别为2 763.72千克、3 295.57千克。

表2-7　不同播种时间对榨菜产量的影响

播种时间	小区面积（平方米）	小区产量（千克）			小区平均产量（千克）	折合亩产（千克）
		重复1	重复2	重复3		
9月25日	9	35.25	34.75	36.95	35.65	2 640.57
9月30日	9	38.23	38.5	35.2	37.31	2 763.72
10月5日	9	46.12	57.1	56.47	53.23	3 942.98
10月10日	9	45.7	51.9	52.3	49.97	3 701.50
10月15日	9	45.5	43.2	44.77	44.49	3 295.57

结合试验结果，可以看出，培育无病毒病壮苗是获得优质高产的关键，防治病毒病应采取综合措施。根据多年实践，生产上

可以采取以下措施来减轻病毒病的危害。

（1）实行轮作，远离毒源。榨菜苗床及大田栽培要求轮作一年以上，不宜选择白菜、萝卜等十字花科蔬菜为前作或邻作，远离毒源作物。苗床要求肥沃且邻近水源。

（2）适期播种。根据浙江的气候特点，要求在 10 月 5 日前后播种为宜。目前，浙江北部地区不少菜农常常提早播种，有的甚至在 9 月 20 日之前播种。由于此时气温尚高、雨水少、气候干燥，正值秋蚜重发期，特别是有翅蚜密度高、活动频繁，病毒传播速度快，容易发生病毒病。而且，在提早播种的情况下，幼苗移栽后大田蚜虫量也较多，给防蚜带来困难，榨菜受害时间长，发病重。另外，当播种过早，越冬前植株过大，年前即有瘤状茎膨大，年后则在年前形成的瘤状茎上面再形成瘤状茎，形成了上下部大小瘤状茎现象。这种瘤状茎不仅外观品质下降，而且纤维素增加，降低产品品质。当播种过迟，则由于年前植株偏小，抗性差，容易发生冻害，造成年后发棵迟，从而难以获得高产。

（3）保持苗床潮润。苗床要保持一定的湿度，以提高秧苗成活率，并且湿润的环境能减少无翅蚜向有翅蚜的转变，病毒病的传播主要通过有翅蚜，从而减轻病毒病的发生率。

（4）适当提高播种密度，建议采用防虫网育苗。适当提高播种密度有利于提高和保持地表湿润，一般每亩苗床播种 750 克左右，育成的秧苗可定植大田 7～8 亩。苗期遇干旱要进行抗旱保湿。有条件的可采用小拱棚防虫网育苗，以杜绝蚜虫，减少病毒病传播机会，有利于培育健康壮苗。但在采用防虫网育苗的情况下，播种密度应适当降低。而且，在定植前 7 天左右撤除防虫网锻炼秧苗，使其能尽快适应大田环境。

（5）加强肥水管理。苗床应施用腐熟的人粪尿作基肥，每亩施 1 000 千克，出苗后施少量尿素。中期浇施一次复合肥 5 千克，以增强抗性。苗龄 35～40 天、5～6 叶期，带土移栽。移栽时，将过长的根系用剪刀剪除。栽后遇干旱应注意浇（灌）水抗旱，确保活棵缓苗。

（6）及时而彻底地防治蚜虫。播种前每亩苗床用5‰二嗪磷颗粒剂或3‰护地净颗粒剂2～3千克撒施，以防治地下害虫。出苗后，用10%一遍净等农药治蚜3次，时间分别在10月上中旬、10月下旬及定植前。大田移栽后治蚜2次。喷药的重点是秧苗（植株）生长点、叶片背面，并注意对周围菜地、杂草进行喷雾。

2. 榨菜播种育苗技术要点

（1）选用良种。根据各地不同栽培模式及市场行情需要，建议春榨菜选择适应性广、耐肥性好、抗逆性强、抽薹迟、空心率低、丰产性好、适合加工的半碎叶品种为主，秋冬榨菜可选择早熟性好、适合鲜销的板叶品种；春榨菜品种以缩头种、甬榨2号为主，同时也可推广示范甬榨5号、甬榨6号等品种。温州瑞安等地的冬榨菜则以香螺种、冬榨1号为主。种子要求饱满，发芽势强。

（2）备好苗床。苗地应选择两年内未种过十字花科蔬菜、茄果类蔬菜的田块，要求地势较高不易受淹、土壤肥沃疏松、保水保肥力强、灌溉方便，并远离其他十字花科蔬菜基地，以减少虫源和病源，按1：10的秧本比留足苗床，畦面宽连沟1.2～1.5米，播前10天深翻土壤，结合整地施商品有机肥150～200千克、过磷酸钙15～20千克，整成龟背形，并做好地下害虫防治措施。有条件的菜农可采用穴盘或基质育苗，以提高壮苗率；也可采用直播、机器播种的栽培方式推迟播种，无移栽缓苗期，省工节本。

（3）适期播种。春榨菜播种期一般为9月底至10月上旬，冬榨菜播种期以9月上中旬为好。播种时，应结合种植规模、移栽进度等因素，分期分批播种为宜，切忌盲目提早或过迟，过早播种气温高，害虫多，病毒病重，而且榨菜瘤状茎形成早，易受冻害；过迟播种则冬前生长短，秧苗易受冻，瘤状茎小，产量低。播种前，需采取晒种、药剂拌种等方式处理种子。一般以晴天或阴天下午播种为好，每亩播种量400克左右，播后轻拍畦面覆盖细土，不宜过厚。为预防暴晒和雨水冲刷，播后提倡采用遮阳网覆盖等遮阳措施，以保持土壤墒情。直播的可推迟到10月20日前后播种，亩播种量100克左右。

（4）培育壮苗。榨菜出苗后应及时揭掉遮阳网，搭好拱棚，覆盖防虫网，进行全程隔离育苗；出苗后及时删苗，去劣去杂去病株，尽量做到互不挤苗，一般间苗2～3次，每隔7天1次；间苗后施薄肥，保证秧苗健壮生长，并视天气情况早晚洒水保湿润。榨菜苗龄一般35天左右开始移栽，移栽前一周适当控肥控水、炼苗；移栽前3天施好起身肥、浇足水、防好病虫，做到"带药带肥"移栽，以提高移栽成活率。

（5）防病治虫。蚜虫和烟粉虱是榨菜育苗期的主要病虫害，除直接危害外，还传播病毒病。因此，做好蚜虫和烟粉虱的防治，是培育壮苗的关键措施。一般在齐苗期、齐苗后一周和移栽前喷施防虫药剂各1次，可选用50%氟啶虫胺腈3 000倍液或10%烯啶虫胺水剂1 500倍液等喷雾防治。

3. 种植方式

（1）利用桑园冬季空闲时进行套种，减低风速，提高温度、湿度，既可减轻榨菜冻害，又可对桑园以耕代抚（利用施肥及榨菜采后的残叶作有机肥）。

（2）旱地蔬菜：榨菜-瓜类（西瓜、冬瓜、黄瓜）-大头菜；白菜类（青菜或大白菜）或榨菜-菊花。

（3）水旱轮作：榨菜-瓜类-晚稻、榨菜-单季稻。

4. 定植　11月上中旬定植大田，畦宽1.5米（连沟），沟深25厘米，株行距（12～13）cm×（25～28）cm，纯旱地密度达1.8万株，桑园套种达1.6万株。

5. 大田管理

（1）施足底肥，早施提苗肥。底肥以有机肥为主（羊栏肥、土杂肥）1 500 千克结合整地翻入，整地深度 20 厘米，另外用 50 千克过磷酸钙施入定植沟内，并与土拌匀，定植后马上浇足定根水。定植后如遇干旱，结合抗旱可用 1：10 稀人粪尿浇施。

追肥可分为 4 次左右施。第一次在 12 月初，每亩施腐熟的人粪尿 500～750 千克加尿素 3 千克。第二次是年内腊肥（翌年 1 月中旬），一般用复合肥或尿素加磷肥。亩施复合肥 25 千克或尿素 25～35 千克、磷肥 30 千克或施有机肥加速效肥以保温防冻。第三次是在开春后（2 月上旬的膨大肥）施一次重肥，每亩施用尿素 20～30 千克，以促进叶丛生长，为瘤茎膨大、丰产打下基础。第四次是瘤茎膨大期，即 3 月上旬（离采收前 25～30 天），此期为瘤茎迅速膨大期，需肥需水量大，应重施，每亩施尿素 20～25 千克、钾肥 5～10 千克。但施肥不能过迟（以离产前 25 天左右为界），否则会影响榨菜的品质及加工质量。

（2）水分管理。秋旱严重的年份，移栽期和移栽后应灌水抗旱促进根系生长和植株发育。春季雨水较多，应做好开沟排水工作。

6. 病虫防治　11 月上旬移栽成活发棵后，用乐果或吡虫啉剂治蚜虫 2 次，以防止传播病毒。年后对黑斑病、软腐病重的田块，应及时疏通沟渠，苗剂防治可喷多菌灵或托布津 600～800 倍液。

7. 采收　采收期的迟早与肥水管理密切相关，肥水条件好，则抽薹迟；地块瘦，管理水平低，则抽薹早。一般在 3 月底至 4 月上旬采收，采收标准为薹高 5～10 厘米带花蕾，此时采收产量最高，质量最好。过早则产量低，偏嫩，腌制品质差；过迟则易造成抽薹、空心、组织老化、纤维增多。

8. 榨菜栽培上的主要问题及解决办法

（1）病毒病。这是全国较为普遍存在的问题，危害程度浙江一般年份为 10%～20%，重发年份达 80%～100%。病株表现矮化、萎黄、叶片皱缩或半边枯死、叶色浓淡不匀。本病在整个生育期间均有发生，这与连作及气候关系密切。生育前期发病则会绝收；在年后的生长中后期发病，尚有一定的产量；采收期脱叶，产品品质大大下降，易并发软腐病。

本病经测定系烟草花叶病毒。传播途径主要是蚜虫（以有翅蚜为主），其次是汁液和红蜘蛛传播，种子不带毒。

防治措施：

①选好育苗地块，不宜选择白菜、萝卜、青菜等十字花科为前作或为邻作做苗床。

②适期播种，适当密播。浙江9月20日前播种相当危险，此时气温偏高，正值秋蚜重发期，雨量少，气候干燥，有利于有翅蚜转变及活动。而且，早播早种，大田蚜虫量也很高，榨菜受害时间长、发病重。同时，苗期密播有利于提高地表湿度，减少有翅蚜转变，遇干旱要进行抗旱保湿。因此，适宜浙江北部的播种期为9月底至10月初，但过迟会影响产量和品质。

③网纱隔离育苗或用银灰膜条覆盖避蚜。

④加强管理。遇干旱年份，苗床应浇水保墒；移栽期及栽后干旱，应抓好大田灌水抗旱。大田要基肥充足，年前抓紧追肥，并增施有机肥和钾肥，以增强抗性。出苗后用菊酯类、吡虫啉治蚜3次，时间分别在10月上中旬、10月下旬、11月上旬。大田治蚜在11月上中旬移栽后，治2次。

（2）瘤状茎大小不匀。这是在榨菜栽培过程中经常遇到的情况。影响榨菜瘤状茎大小不匀的原因有多种。

①秧苗大小。由于榨菜苗龄较长（一般35天左右），在秧苗生长过程中，因各种原因，秧苗大小有较大的差异。在定植时，如果对大小秧苗不进行挑选和分级而随意栽种，则在以后的缓苗及生长过程中，其生长速度可能有差别，而这种差别会随着植株的继续生长而加大。这样生长较快的植株由于接受了较多的光照、占据了较大的生长空间而发育成较大的瘤状茎；相反，那些生长缓慢的秧苗，在其生长过程中，始终处于劣势，不论是肥水还

光照均不及生长快的植株，当达到采收期时，其瘤状茎就比较小。

②土壤肥力及水分。在同一田块中，难免会出现局部肥力和水分不均匀的情况，加上施肥也不可能完全均匀，从而使得同一田块内土壤的肥力和水分等存在一定的差异。在这样的田块中，即使定植时秧苗整齐一致，也会在日后的生长过程中出现生长快慢不一的现象，继而导致瘤状茎的大小不一致。

③病毒病危害。病毒病是榨菜生产上最为严重的病害，榨菜一旦发生病毒病，则不同程度地会影响植株的生长和瘤状茎的形成与膨大。由于在同一田块中植株感染病毒病的程度不同，从而导致瘤状茎的大小不一。

④品种混杂退化。生产上使用的榨菜种子许多是由农民自己留种的，在留种过程中隔离条件差，不注意选择或长期采用小株留种，很容易发生品种退化现象。品种一旦混杂退化，瘤状茎的大小和形状也就千差万别。

⑤定植密度过大。当定植过密时，由于生长竞争，总有一些植株生长快或慢。因此，当采收时，瘤状茎大小有差异。

防止瘤状茎大小不匀的措施主要有：

①选择适宜的品种和购买优良的种子。选择适宜本地栽培的榨菜品种，并购买质量好的种子，特别是纯净的种子。

②秧苗分级定植、合理密植。除了育苗期间提高播种质量、及时间苗、培育整齐一致的秧苗外，在定植时，应将大小不同的秧苗分开定植，避免将大小不同、生长强弱不同的秧苗混栽。此外，定植密度应给予适当控制，做到合理密植。

③田间管理中注意扶弱照顾。无论是中耕除草或是追肥浇水，对生长弱小的秧苗给予适当的照顾，以促进其生长，使其最终能赶上生长健壮的植株。

④防治病毒病。在育苗期间以及定植初期至越冬前，要特别加强对病毒病的预防，及时防治蚜虫，以降低因病毒病危害而造成瘤状茎大小不一。

（3）空心。榨菜空心也是榨菜生产中常遇到的问题。一般年份空心率在 30% 左右，雨水多的年份高达 60%～70%。偏早收获可以降低空心率，但影响产量和品质。空心分为黄空、白空，黄空是空心后积水或软腐病影响的，一般作次品或废品处理。据观察，空心是从 2 月底开始，多雨年份在 3 月中旬出现"黄空"，在田间会听见"呱呱"声。形成空心的原因：

①品种特性。常规半碎叶易空心，如草腰子品种比三转子品种容易空心。应选择不容易空心的品种。

②肉质茎膨大期过短。榨菜肉质茎膨大期的生长适温为 8～13℃，16℃ 以下才有利于瘤状茎的膨大。这时期需 80～100 天，茎才能充分膨大。如果这个时期过短，细胞未能充分分裂，营养物质储藏减少，榨菜髓部养分少的薄壁细胞间崩裂，导致出现开裂，形成空腔，出现空心现象。

③瘤茎膨大期（特别是后期）雨水过多，排水不良。

④施肥技术单一。施化肥比施用有机肥和复合肥的空心率高。如氮肥偏多，瘤茎膨大过快。

⑤光照不足，昼夜温差小。如果光照不足，则养分制造不足，不能满足茎膨大时细胞分裂对养分的需求，茎中心分裂的细胞也不能得到充足的养分，易产生空心。

⑥水分供应不均衡。榨菜生长要求适宜的土壤水分条件。土壤缺水时，榨菜生长缓慢甚至停止；水分充足时，榨菜又迅速生长。在遇到干旱时，茎内生长迅速的细胞很容易失水，导致部分细胞破裂，很容易产生空心现象。尤其在肉质茎膨大期，水分供应不均衡是造成空心的主要因素。

⑦病虫危害。在榨菜生长过程中，如遇到病虫较重的危害，植株内部养分发生转移，易产生空心。

⑧其他因素。采收过晚或栽培中喷一些含有激素的药剂都易产生抽薹。由于抽薹要消耗大量养分，榨菜内养分转移，易形成空心。

防止榨菜空心的措施：

①品种选择。选用产量高、不易抽薹、不易空心、较耐病毒病、耐寒力较强的品种，如浙桐1号、甬榨2号等。

②土壤选择。栽植地宜选用保水保肥力强而又排灌便利的壤土，并尽可能远离萝卜、白菜、甘蓝等作物，以减少蚜虫的危害。

③合理施肥。控制氮肥用量，加强管理，增施磷钾肥。肥料种类宜以有机肥为主。前期轻施，中期重施，后期看苗补施。这样有利于减少榨菜空心率，进而提高产量。

④适期收获。过早采收影响产量；过迟则含水量高，纤维多，易空心。

（二）四川榨菜栽培技术

1. 四川榨菜生产概况 2018年，四川省榨菜种植面积达50万亩，并形成多个榨菜万亩生产基地（眉山市东坡区、遂宁市射洪县、南充市仪陇县等）。地域特色明显，市场需求量持续稳定增长，已成为四川秋冬季重要特色加工及外销蔬菜，具有良好的经济效益，除满足本地市场外，大量销往国内外，市场潜力极大。

2. 榨菜生物学特征 榨菜在四川盆地分化形成，对生态条件的适应性较弱，喜冷凉湿润的气候环境，不耐高温也不耐霜冻。其生育期与温度关系尤为密切，生长适温为10～25℃，出土后到第一叶环形成期适温为20～25℃，第二叶环形成叶丛的生长适温为15～20℃，温度低于15℃茎瘤开始膨大，茎瘤膨大最适温度为8～13℃。在温度低、日照少、昼夜温差大的环境下，有利于养分转运储藏而形成肥大的肉质瘤茎，膨大的肉质茎瘤不耐0℃以下低温。

3. 榨菜栽培技术

（1）产地环境条件。产地宜选择远离医院、工矿企业等无污染的，气候冷凉湿润的盆地丘陵地区；选择土层深厚、排灌方

便、保水保肥力强、富含有机质的沙质壤土或壤土，以 pH 6～7
最为适宜。

（2）品种选择。选择产量高、耐病毒病、耐抽薹的榨菜品
种，作加工用可选用含水量低、不易空心、品质柔嫩、耐寒力
强、适合加工用的榨菜品种，如永安小叶、涪杂 1 号、涪杂 8 号
等。作鲜食选择早熟、抗病、耐热、近圆球形品种，如永安小
叶、涪杂 2 号等。

（3）栽培季节。四川盆地播种时间为白露节气前后，即 9 月
上、中旬播种。早熟耐热榨菜可以提前到 8 月下旬播种。播种期
过早，温度过高，病毒病、软腐病加重，茎瘤空心率、腋芽萌发
率、先期抽薹率增加，同时纤维增多，产量和品质都会受到影
响；播种期过晚，植株生长量不够，肉质茎未能充分膨大，容易
形成冻害，产量也会下降。

（4）育苗技术。

①苗床准备。苗床应尽可能远离白菜、甘蓝等十字花科蔬菜
区。选地势平坦、土壤肥沃的沙壤土或壤土。每亩施腐熟有机肥
2 500～3 000 千克、过磷酸钙 20～40 千克、草木灰 40～50 千克
作底肥，并与土壤混合均匀。按畦宽 1.2～1.5 米、沟宽 0.4 米、
沟深 0.2 米作畦。用 10%氰霜唑悬浮剂 3 000 倍液浇透苗床以预
防根肿病。

②播种。播种前用 $10\%～20\%$ Na_3PO_4 浸种 15 分钟，然后
将种子冲洗干净晾干及时播种。苗床每亩用种量 250～300 克，
苗床与大田比约为 1：15。播种宜在阴天或晴天傍晚进行。用人
畜轻粪水泼施畦面，让苗床地充分湿润后播种。将种子与细沙土
拌匀，多次拌均匀后撒播于畦面上。播后用细沙土浅覆，以种子
不现土为宜或用稻草或遮阳网盖种。

③苗床管理。出苗前，苗床土应一直处于湿润状态。75%种
子出苗时，及时揭除覆盖物。苗期结合匀苗追肥 1～2 次。当幼
苗出现第二片真叶时，第一次匀苗。匀苗后，每亩施 10%～

20％浓度人畜粪水 1 600～2 000 千克，兑 4～5 千克尿素。在出现第 3～4 片真叶时，第二次匀苗。匀苗后，以 20％～30％人畜粪水 2 000～2 500 千克，兑 4～5 千克尿素。匀苗时，注意去掉弱苗、劣苗、病苗和杂苗，苗期彻底防治蚜虫，减轻病毒病危害。

（5）大田栽培技术。

①大田准备。定植前一周对本田进行深耕炕土。每亩施入腐熟的农家肥 2 500～3 000 千克、过磷酸钙 20～30 千克、三元复合肥（15-15-15）15～20 千克、硫酸钾 10～15 千克作基肥。每亩大田撒施 2～4 千克 3％辛硫磷防治地下害虫，雨水较多的地区宜作高畦。

②定植。幼苗苗龄 30～35 天、5～6 片真叶时定植，定植移苗在阴天或晴天下午进行；定植前一天苗床应灌水，使床土充分湿润，以便带土定植，减少根系损伤，提高成活率；行距 35～40 厘米，株距 33～35 厘米，每亩定植 4 800～5 500 株，定植后及时浇带药定根水。

③大田管理。榨菜定植后共施 3 次追肥：第一次在定植后 10 天左右施入返青肥，每亩施 30％清粪水 2 000～2 500 千克，加尿素 5 千克，约占总追肥量的 20％；第二次在定植后 45～50 天施入开兜期肥，每亩施浓度为 50％粪水 4 000～5 000 千克，加尿素 15 千克，约占总追肥量的 70％；第三次在定植后 75～80 天施入膨大肥，每亩施 50％粪水 1 600～2 000 千克，加尿素 2 千克，约占总追肥量的 10％。生长期中尽量保持土壤湿润，水分稳定，避免忽干忽湿。无雨干旱时灌水，10 月连阴雨天时应注意排水，收获前半月停止灌水防治空心。

（6）主要病虫害防治。榨菜生育期病害有病毒病、根肿病、霜霉病等，病毒病和根肿病是榨菜最主要的病害。虫害主要有蚜虫、斜纹夜蛾、菜青虫、跳甲等。

①病毒病。植株发病初期心叶叶脉褪绿，随后叶色斑驳，叶脉背面生褐色坏死条斑，叶面出现褐色坏死小点，叶片皱缩、花

叶。严重时茎瘤无法正常膨大，病植株矮缩、黄化、坏死。病毒病由蚜虫传播，种子不传毒。苗期易感病，早播高温干旱时发病重。苗期至茎瘤膨大前易流行。防治措施：一是与葱蒜类、茄科及豆科等作物进行合理轮作。二是适时播种，忌高温早播，培育壮苗。三是苗期严格防治蚜虫，清除苗床周边杂草，远离或消除毒源作物。四是增施磷钾肥，提升农作物的抗病害能力。五是田间发现病株及时拔除，并在窝穴处撒石灰。六是苗期可用 6％低聚糖素水剂 1 500 倍液或 8％宁南霉素水剂 1 000 倍液喷雾预防；移栽后可用 20％病毒 A 可湿性粉剂 500 倍液或 1.5％植病灵 K 号乳剂 1 000 倍液，或病毒必克可湿性粉剂 600～800 倍液喷雾防治。出苗后和定植前用 20％病毒 A 可湿性粉剂 500 倍液、1.5％植病灵乳剂 1 000 倍液或 20％毒克星可湿性粉剂 500 倍液喷雾，每 10 天左右 1 次，连续 1～2 次。

②根肿病。植株发病初期地上部无明显变化，在芥菜上根肿菌肿瘤多发生在主根及侧根上，主根的肿瘤体积大而数量小，侧根的肿瘤体积小而数量大，多呈纺锤形、手指形或不规则形。苗期根上肿瘤不易察觉易带病移栽。发病植株生长缓慢、矮小，叶色变暗、变黄，心叶晴天中午萎蔫，早晚恢复，茎瘤个小筋多。发病重时，整株萎蔫枯死，导致减产甚至绝产。根肿病菌休眠孢子在土壤中可存活长达 20 年，并可随带菌土壤、灌溉水、种苗和农事操作传播。土壤酸性重（pH 5.4～6.5）、湿度大（70％～90％）、适温（17～23℃）条件下适宜发病。榨菜整个生育期期间均可被根肿病菌侵染。防治措施：一是苗期消毒，培育壮苗健苗；二是深翻炕土，高畦定植，降低田间湿度；三是增施有机肥和生石灰，调酸透气，防止土壤板结；四是实行非十字花科作物轮作，减轻土壤病源传播；五是及时拔除病株，在病株穴撒施生石灰消毒；六是发病初期用 10％氰霜唑（科佳）悬浮剂 1 500～2 000倍液喷施，每 7 天左右 1 次，连续 1～2 次。

③蚜虫。危害榨菜的蚜虫主要为萝卜蚜和桃蚜。幼苗期，高

温干旱天气下蚜虫危害严重。成虫及若虫危害植株嫩茎、嫩叶等部位，刺吸汁液，造成叶片卷缩变形，植株生长不良并传播病毒病。防治措施：一是利用银灰膜避蚜、黄板诱蚜；二是清除田间残株和杂草；三是遇有高温干旱天气，适当推迟播种；四是苗期用 20％氰戊菊酯乳油 1 500 倍液或 50％抗蚜威可湿性粉剂 3 000 倍液，或 10％吡虫啉可湿性粉剂 1 500 倍液喷雾。

（7）采收。在茎瘤已充分膨大或花蕾初现时及时采收。过早采收影响产量；过迟则含水量高，纤维多，易空心，影响产量和品质。四川盆地鲜食榨菜在 11 初开始采收，加工榨菜在翌年 2 月采收。去叶、去杂、分级，进入榨菜厂或鲜销市场。同时，清除田园的病叶、老叶和杂草，集中进行无害化处理，铲除病虫滋生源头。

第二节 儿　菜

一、儿菜生产概况

儿菜学名抱子芥，俗称超生菜、娃娃菜、抱儿菜等。抱子芥是十字花科芸薹属茎用芥菜的一个变种，原产于我国，为 20 世纪 80 年代发现的一个新物种。儿菜具有芥菜的清香，清甜而不带苦味，品质细嫩，味道鲜美，并有防唇干、清败火、去油腻的功效，是食疗保健的蔬菜佳品。儿菜是冬春季节群众喜爱的大宗蔬菜之一，主要分布在西南地区和长江中下游地区，种植面积约 100 万亩。在重庆、四川栽培面积很大，有 60 万亩左右。例如，重庆市璧山县有 4 万亩，四川省安岳县有 1.2 万余亩。川东南地区及成都地区是四川秋冬季儿菜产业的主要分布区，以水旱轮作、粮经间套作等绿色高效模式发展秋冬季儿菜，上市时间正值冬春蔬菜淡季上市，产量高、效益好，为保障城乡供应、增加农民收入作出了积极的贡献。近 10 年来，在浙江、江苏、上海等地也出现大面积种植，主作鲜食，一般 9 月中旬播种，翌年 2 月初采收，亩效益在 3 000 元左右。目前，浙江宁波的儿菜品种均为来自四川或重庆的儿菜品种。

二、儿菜营养品质

儿菜的膨大茎及密集环绕于膨大茎四周的肉质状发达侧芽是其主要食用器官。儿菜肉质洁白，质地细嫩，味道清香，富含钙、铁、磷、维生素等，所含钙、磷居各类蔬菜前列，还含有较高的硫胺素（维生素 B_1）、核黄素（维生素 B_2）、烟酸（维生素 B_3），多食可解毒消肿、防癌抗癌、清火去腻、利尿除湿等，是上佳的保健蔬菜。主作鲜食，可炒食、凉拌、做汤，也可做即食泡菜。

三、儿菜生物学特征

儿菜多为二年生栽培作物，喜温凉湿润环境，适于冬春季栽培，生长势强。儿菜种子 8～10℃开始发芽，幼苗生长最适温度为 20℃左右。当儿菜长到一定阶段，顶生腋芽开始膨大，进入成儿时期，腋芽膨大最适温度 10～15℃；儿菜对土壤的要求不严，忌积水，否则易诱发软腐病。

四、儿菜栽培技术

1. 产地环境条件 选择肥沃疏松、土层深厚、质地疏松、排灌方便、富含有机质、pH 6.0～7.0、保水和保肥性好、前茬为非十字花科少病虫害的沙壤土或壤土种植，与十字花科作物实行 2～3 年轮作，提倡水旱轮作。

2. 品种选择 选择丰产优质、抗病、商品性好的优良品种。结合四川不同的地域情况，早熟栽培宜选用优质高产、耐热耐涝、熟期 100 天左右的优良品种；晚熟栽培宜选用优质高产、耐寒耐抽薹、熟期 160 天左右的优良品种。

3. 栽培季节 播期选择是儿菜高产栽培的关键环节，四川盆地早熟品种宜在 8 月下旬至 9 月初播种，中晚熟品种宜在 9 月上旬播种。播期过早，前期高温徒长，抽薹形成棒形，不长儿芽；播期过迟，儿菜小株通过低温春化，腋芽少而小，先期易抽薹，品质和产量下降甚至绝收。

4. 育苗技术

（1）苗床准备。播种前深翻炕土，苗床每亩施入腐熟有机肥1 000～1 500千克、过磷酸钙15～20千克、三元复合肥（15 - 15 - 15）10～20千克，混匀耙细，深沟高畦，畦宽1.2～1.5米、沟深15～20厘米，畦面平整，带药浇透水待用。

（2）播种。种子与草木灰或细土混匀后撒播；每亩苗床用种量300～500克；穴盘育苗每亩苗床用种量100～150克，每穴播1～2粒种子。播种后覆盖薄层细沙，并盖遮阳网或稻草。

（3）苗床管理。出苗前苗床保持湿润，出苗后及时揭去遮阳网。在幼苗具有1～2片真叶时进行间苗，苗床育苗幼苗株距保持3～5厘米，穴盘育苗每穴定苗1株。结合匀苗可进行追肥，每亩施10%～20%浓度人畜粪水1 200～1 500千克兑4～5千克尿素喷施。儿菜在5片真叶前是最易感病的时期，同时也是蚜虫高发期，苗期需要彻底防治蚜虫。

5. 大田栽培技术

（1）大田准备。定植前一周，大田进行深翻炕土，施药防治地下害虫，整细耙平。定植前打窝施底肥，每亩穴施深施腐熟有机肥1 000～1 500千克、过磷酸钙15～30千克作底肥。

（2）定植。幼苗5～6片真叶时，苗龄约30天即可大田移栽。早熟品种株行距为50厘米×60厘米，每亩栽2 000～2 400株；中晚熟品种株行距60厘米×60厘米，每亩栽1 800～2 000株，定植后施足带药定根水。

（3）大田管理。整个生长期根据土壤肥力追肥2～3次。第一次在定植返青成活后，每亩施入20%的稀薄腐熟有机肥兑尿素5千克的返青肥；第二次在定植后35天左右、腋芽抽生初期，每亩施入腐熟有机肥2 000～3 500千克兑过磷酸钙20千克和硫酸钾 20 千克的开盘肥；第三次在定植后 60 天左右、环生腋芽膨大初期，每亩施入复合肥（15 - 15 - 15）10 千克的膨大肥。后期视苗情可用 0.3％磷酸二氢钾液喷雾一次，增加产量、提高品质。大田干旱时，宜早晚浇水，也可结合追肥浇水。忌大水漫灌以预防营养生长过旺和空心问题，雨天应注意排水。

6. 主要病害防治 儿菜主要病害有病毒病、软腐病、根肿病、霜霉病、黑斑病等，病毒病和软腐病是儿菜最主要的病害。

（1）病毒病。儿菜苗期至成熟期病毒病均能发生。受害植株叶片上呈现出深浅不均的绿色斑驳或叶片皱缩卷成畸叶形，发病严重的植株显著矮化畸形，腋芽膨大小而少。儿菜病毒病的传播媒介主要是蚜虫（包括萝卜蚜、甘蓝蚜等），病毒主要在十字花科蔬菜和杂草上越夏；秋季通过蚜虫传播和病株汁液传染，儿菜播期过早、与十字花科蔬菜连作、干旱缺肥均会导致发病严重。防治措施详见榨菜病毒病防治措施。

（2）软腐病。发病植株在茎基部或近地面根及叶柄部初呈水渍状不规则斑，病斑扩大后向内扩展，导致茎内部软腐，有黏液流出并有恶臭味。该菌无明显越冬期，在田间周而复始、反复传播蔓延。田间病株或土中未腐烂的病残体均可成为侵染源，主要从伤口侵入，通过雨水、灌溉水、带菌肥料、昆虫等传播，虫害多、湿度大易于发病。防治措施详见大头菜软腐病防治措施。

7. 采收 当儿菜肉质茎充分长大，达到或超过主茎顶端，无新叶呈罗汉状重叠时，为最适采收期。此时期产量高，品质好，商品率高。采收后，及时去除叶片、分级，进入鲜销市场。同时，清洁田园。

第三节 棒 菜

一、棒菜生产概况

棒菜又名笋子芥、笋子青菜等，是我国三大茎用芥菜（茎瘤芥、抱子芥和笋子芥）之一，是我国特有的蔬菜作物，以其膨大成棒状肉质茎为主要食用部位。在我国西南地区及长江流域栽培较为普遍，但以四川盆地的肉质茎膨大最为充分，含水量特高，质地鲜嫩。在四川盆地大中城市近郊普遍种植，具有较高的经济效益和明显的地域特色，是冬末春初重要的蔬菜之一。

二、棒菜营养品质

棒菜肉白质嫩，味甜多汁，主作鲜食，部分品种叶可作腌渍泡菜、酸菜等。富含 16 种氨基酸、维生素 C、钙、锌、胡萝卜素等，抗氧化能力强，食法多样，可以炒食、凉拌、煮汤等。

三、棒菜生物学特征

棒菜喜温凉湿润气候，生长势强，种子发芽最适温度为 22～25℃，苗期生长最适温度为 20℃左右。肉质茎膨大期约为 120天，膨大期对温度要求较严格，最适温度为 10～12℃。在膨大后期，若气温较长时期降至 0℃以下，肥大的茎、叶片则易受冻害。

四、棒菜栽培技术

1. 产地环境条件　应选择土层深厚、质地疏松、富含有机质、排灌方便的壤土或沙壤土为宜，与十字花科作物实行 2～3年的轮作。提倡水旱轮作。

2. 品种选择　选择优质丰产、耐抽薹、抗病性强、适应性广、商品性好、适合目标市场的品种，如郫县花叶棒菜、泸州稀节子棒菜等优良品种。

3. 栽培季节　棒菜多采用育苗大田栽培技术，播期是栽培成功的关键，不同区域播期会有差异。四川盆地海拔 500 米以下地区，8 月中下旬播种；海拔 500～800 米地区，相应提早到 8

月上旬播种；海拔 1 000～1 500 米地区，可提前到 7 月下旬播种。播种过早或过迟会导致先期抽薹，播种过早苗期还易诱发病毒病；播种过迟，棒状肉质茎膨大不足，产量和品质都降低，同时有遇冻害的风险。

4. 育苗技术

（1）苗床准备。苗床选择地势向阳、排灌方便、非十字花科连作的地块。翻耕炕土，精细整地，每亩苗床施腐熟的有机肥 1 000～1 500 千克、过磷酸钙 15～20 千克、草木灰 40～50 千克，并与床土混匀作畦，畦宽 1.2～1.5 米、沟宽 15～20 厘米。播种前，带药浇透水待用。

（2）播种。每亩苗床用种 200～250 克，稀疏匀播，播后以草木灰或细泥沙盖种，用稻草或遮阳网覆盖，发芽后傍晚即时揭去覆盖物。播种过密，易形成高脚苗，严重影响商品性和产量。

（3）苗床管理。幼苗间苗 1～2 次，结合间苗进行苗期追肥，每亩的苗床用腐熟的人畜清粪水 2 000～2 500 千克、尿素 5～10 千克喷施，苗期苗床保持湿润，并彻底防治蚜虫。

5. 大田栽培技术

（1）大田准备。大田选择前作非十字花科、茄果类瓜类作物的田块，翻耕炕土，每亩施入腐熟有机肥 2 000～2 500 千克、过磷酸钙 20～30 千克、硫酸钾 10～15 千克，旋耕混匀，整平作畦，畦宽 1.5～2.0 米、沟宽 15～20 厘米。

（2）定植。幼苗 5～6 片真叶时，选择晴天下午或阴天带土移植。移栽后及时浇透带药定根水，有利于返苗成活。栽植密度因播期、肥力和生态条件等不同有差异，可适度密植，一般每亩种植 4 000～4 500 株，早播宜稀，晚播宜密；早熟宜密，晚熟宜稀；肥土宜稀，瘦土宜密。

（3）大田管理。大田追肥以速效氮肥为主，追肥以"前期轻施、中期重施、后期补肥"的原则进行，每亩结合灌水共施入 25～30 千克尿素，在定植返青期、叶片生长盛期、茎膨大初期分别施入总追肥量的 20%、70%和 10%，尿素忌干施。忌漫灌以防空心。

6. 主要病害防治 棒菜病害主要有病毒病、霜霉病、软腐病、根肿病等，特别是连作田块感病较重。棒菜病毒病发病植株表现为该病株矮小皱缩、棒状茎瘦、纤维增多、品质下降。病毒由蚜虫传播和病株汁液接触传染，高温干旱、植株长势弱、抗逆性差、蚜虫控制不当是该病发生的主要原因。棒菜抗病毒能力较弱，在 2～5 叶期为感病敏感期，苗床期是杀虫防病的关键期。防治措施详见榨菜病毒病防治措施。

7. 采收 棒菜老菜开始发黄、顶端 4～5 片心叶平顶为其成熟特征，是采收的最适时期。棒菜产量和品质与收获时期密切相关。过早收获，茎棒尚未充分膨大成熟，产量未达高峰；收获过迟，茎棒含水量高，筋多皮厚且易空心。棒菜较耐储运。采后及时清洁田园。

第三章　叶用芥菜

叶用芥菜变种较多，大多耐霜冻、炎热和干旱，是芥菜类蔬菜中适应性较强的一类变种，但不同的变种适应性也各有差异。叶用芥菜发芽适宜温度为 25℃左右，幼苗期适宜温度为 22℃左右，莲座期一般适宜温度为 15～20℃，产品器官形成期以叶柄或中肋供食的类型加速其生长和增厚，其最适温度为 10～15℃，需要 30～60 天。叶用芥菜经过第一年冬季低温后，在翌年春天抽薹开花结实。一般冬性较弱，对低温要求不严格，对长日照较为敏感。

第一节　雪　　菜

雪菜，别名雪里蕻、九头芥、烧菜、排菜、香青菜、春不老、霜不老、飘儿菜、塌棵菜、雪里翁等，是被子植物门十字花科芸薹属植物，是芥菜中分蘖芥的一个变种。新鲜的雪菜生活习性喜寒凉，菜色为翠绿色，闻之有香味，咀嚼有松脆感，吃起来带有较强的辛辣味，口味差，须经腌制产生风味独特、鲜香可口的咸菜才可食用。

浙江宁波地区民间栽培、腌制雪菜已有 1 000 多年的历史了。有资料记载，最早见于明末诗人、鄞州人屠本畯所著的《野菜笺》中"四明有菜名雪里壅（蕻）……诸菜冻欲死，此菜青青蕻尤美。"清代汪灏在他所著的《广群芳谱》中也写道："四明有菜，名雪里蕻。雪深诸菜冻损，此菜独青。"清光绪《鄞县志》中李邺嗣的《鄞东竹枝词》中也记有"翠绿新薤滴醋红，嗅来香气嚼来松。纵然金菜琅蔬好，不及吾乡雪里蕻"等赞咏雪菜的诗句。雪菜一般需要通过腌制加工食用，目前，邱隘咸齑腌制技艺已被列入浙江宁波第二批非物质文化遗产名录。

一、品种类型

雪菜按叶形区分，基本上可分为板叶型、细叶型、花叶型三大类型。

1. 板叶型 板叶型是浙江、江苏、上海等省份的主栽品种类型。此类品种的共同特点是：叶片为板叶，分蘖强，产量高。按叶色不同，又可分绿叶、黄叶、半黄叶、紫叶4种，宁波市鄞州区雪菜开发研究中心收集的板叶型地方品种有26种之多，表现较好的有嘉兴七星黄叶、嘉善四月蔓、湖州半黄叶、湖州黄叶、上海牛肚雪菜、上海加长种等。金丝菜也属于这一类型，它原产于上海，由于腌制后色泽黄亮、梗细、香味好，在市场上颇受客户欢迎。进入21世纪后，嘉兴七星乡通过选种、育种所培育的七星黄叶，宁波市鄞州区雪菜开发研究中心所选育的鄞雪18号以及宁波市鄞州三丰可味食品有限公司和鄞州区雪菜开发研究中心合作开发的鄞雪18新二号、黄叶新1号、紫雪1号、紫雪4号、紫雪6号等都属于板叶类型。

2. 细叶型 细叶型是湖南、湖北、江西、江苏以及浙江绍兴、台州、金华、富阳等地的主栽品种类型。此类品种的特点是：叶细碎、梗重于叶，腌制后的折率高达74%～88%，抗病性强、耐寒性强，但鲜重亩产量一般不如板叶型。腌制后可直接食用，也可晒制霉干菜。味鲜美，闻名全球的绍兴霉干菜就是用这种类型的雪菜经腌制后切碎晒干而成的。属于细叶型的雪菜地方品种很多，浙江天台的烧菜，绍兴、浦江、东阳、金华、杭州等地的品种和富阳的九头芥，仙居的细叶肖、粗叶肖都属于这种类型。宁波市鄞州区雪菜开发研究中心收集的细叶型地方品种有20多种，表现较好的有嵊州细叶雪里蕻（九头芥）、东阳细叶雪里蕻（九头芥）、浦江细叶雪里蕻（九头芥）、仙居细叶肖等品种。我国香港的龙须雪菜也属于这一类型，它的叶片和叶柄很细、白嫩、生长快，在江苏和北方一些地方畅销。

3. 花叶型 花叶型在湖南、湖北、江西、上海以及浙江临海、温岭、宁波多有栽培。此类品种的特点是：产量高、抗病性强，但梗粗、品质欠佳。属于这种类型的地方品种也很多，宁波市鄞州区雪菜开发研究中心收集的花叶型地方品种近20种，表现较好的有邱隘黄花叶（原产于镇海）、临海花菜等品种。

二、主要雪菜新品种

1. 鄞雪18新二号 该品种属板叶类型。由宁波市鄞州区雪菜开发研究中心、鄞州三丰可味食品有限公司合作选育，鄞雪18号品种是利用上海地方品种上海加长种作亲本育成的雪菜新品种。鄞雪18新二号是鄞雪18号的变异株，经多年定向选育而成，在鄞州区已有较大面积种植，逐步取代了原来的鄞雪18号。该品种表现迟抽薹、多分枝，从播种到采收175天左右，耐寒性强、丰产性好，产量在6 000千克/亩以上。对病毒病抗性强。其经济性状经测定：植株半直立，株高49厘米，开展度56厘米×57厘米，分枝61个，叶片数523片，叶片总长44厘米，纯叶片长23厘米，叶宽7.5厘米，叶柄长21厘米，柄宽0.5厘米，厚0.5厘米，叶色深绿，细长卵形，上部锯齿浅裂、中下部深裂。叶窄、柄细长、抽薹期较鄞雪18号迟1周左右，小区测试单株产量3.2千克/株，盐渍折率与加工折率均在75％以上。该品种生长势强，分枝性强，强耐芜菁花叶病毒病，丰产性好，加工性好，适宜在浙江宁波等地秋冬种植。

2. 甬雪3号 该品种属花叶类型。由宁波市农业科学研究院蔬菜研究所选育，2012年通过浙江省品种审定委员会审定。

该品种播种至采收约 105 天。株型半直立，生长势强；株高 50.5 厘米，开展度 97.6 厘米×86.0 厘米；叶浅绿色，倒披针形，复锯齿，全裂，叶面微皱，有光泽，无蜡粉，刺毛少；最大叶长 60.8 厘米、叶宽 14.4 厘米，叶柄长 25.2 厘米、宽 1.3 厘米、厚 0.8 厘米；平均有效蘖数 25 个，蘖长 60.1 厘米，蘖粗 2.4 厘米，单株鲜重 1.1 千克。经浙江省农业科学院植物保护与微生物研究所鉴定抗病毒病。耐抽薹性中等，品质优良。产量高，产量为 6 419.3 千克/亩，较对照品种宁波细叶黄种雪里蕻增产 32.8%。该品种生长势强，分蘖较强，抗病毒病，丰产性好，加工性状较好，适宜在浙江宁波等地秋冬季种植。

3. 甬雪 4 号 该品种属花叶类型。由宁波市农业科学研究院蔬菜研究所选育，2014 年通过浙江省品种审定委员会审定。该品种播种至采收约 105 天。株型开展，生长势强；株高 51.5 厘米，开展度 74.0 厘米×69.6 厘米；叶浅绿色，倒披针，复锯齿，浅裂，叶面微皱，有光泽，无蜡粉，刺毛少；最大叶叶长 60.8 厘米，宽 15.4 厘米；叶梗略圆，淡绿色，长 26.2 厘米，横径 1.1 厘米；平均侧芽数 27 个，单株鲜重 1.38 千克。加工后色泽黄亮，品质优良。经浙江省农业科学院植物保护与微生物研究所鉴定抗病毒病。适宜秋冬季栽培，每亩产量在 5 000 千克左右。适宜在浙江地区种植。

4. 七星黄叶 该品种属板叶类型。原产于上海，俗名上海加长种，在浙江嘉兴七星黄叶已普遍推广。该品种直立，株高 44.8 厘米，开展度 75 厘米×70 厘米，株型直立且紧凑。分蘖性强，成株有分叉 28 个左右。叶绿色、倒卵形，长 44.6 厘米，宽 10.9 厘米，叶缘大锯齿嵌小锯齿，缺刻自叶尖至叶基由浅渐深，近基部全裂，有小裂片 3～5 对，沿叶缘有一圈紫红色条带，叶面较光滑，无蜡粉和刺毛，叶柄浅绿色，背面有棱角，长 7.4～15 厘米，宽 1.3 厘米，厚 0.6 厘米，中肋大。横断面呈弯月形，单株有叶片 309 片左右。表现迟熟，从播种到采收 166 天，抗病性强，耐寒性强，产量为 4 000～5 000 千克/亩，适宜加工腌渍，品质好，有香味。

七星黄叶现已产生变种，由七星黄叶与上海金丝菜杂交所产生的后代，兼有七星黄叶与金丝菜的特点，株高与七星黄叶相仿；柄细、分枝多，与上海金丝菜相仿，薹茎扁，同金丝菜，全株深绿色（金丝菜为黄色），产量高于金丝菜，产量普遍在 5 000 千克/亩以上；抗病性强，不像金丝菜那样容易感染病毒病。现在性状已趋于稳定，并有较大推广面积，也适宜在浙江宁波、绍兴等地秋冬栽培。

5. 嘉善四月蕻　该品种属板叶类型。原产于浙江嘉善杨庙乡光明村，是当地的主栽品种。宁波市鄞州区雪菜开发研究中心引入后，经过筛选，分离出绿柄、浅绿柄、白柄 3 个株系，统称为鄞雪 12 号。

株高 46 厘米，开展度 67 厘米×70 厘米，株型直立半展开。分蘗性强，成株有分叉 32 个左右。叶绿色、倒卵形，长 59.7 厘米，宽 12.2 厘米，叶缘细锯齿状，呈波浪形相互折叠，缺刻自叶尖至叶基由浅渐深，近基部全裂，有小裂片 3～4 对，叶面较光滑，无蜡粉和刺毛，叶柄绿色、浅绿色或白色，背面有棱角，长 9.4 厘米，宽 1.3 厘米，厚 0.6 厘米，横断面呈扁圆形，单株有叶片 247 片左右。表现迟熟，从播种到采收 168 天，抗病性强，耐寒性强，适宜加工腌渍，品质好，有香味。产量在 4 000～5 000 千克/亩或以上。适宜在浙江宁波等地秋冬栽培。

6. 上海牛肚雪菜　该品种属板叶类型。原产于上海老港牛肚村，是上海的主栽品种。

株高 48 厘米，开展度 81 厘米×69 厘米，株型半直立，分蘗性强，成株有分叉 30 个左右。叶绿色、倒卵形，长 48.1 厘米，宽 10.9 厘米，叶缘细锯齿状，呈波浪形相互折叠，缺刻自叶尖至叶基由浅渐深，近基部全裂，有小裂片 4～5 对，叶面较光滑，无蜡粉和刺毛，叶柄浅绿色，长 5.5 厘米，宽 1.1 厘米，厚 0.6 厘米，横断面呈扁圆形，单株有叶片 241 片左右。该品种表现迟熟，从播种到采收 169 天，抗病性强、耐旱、耐涝、耐寒，适宜加工腌渍，品质好，有香味。产量在 4 000 千克/亩左右。适宜在浙江宁波作春菜栽培。

7. 上海金丝菜 该品种属板叶类型。原产于上海，在上海、江苏以及浙江嘉兴、慈溪等地都有种植。该菜因柄细叶窄、分枝多，色泽鲜黄，作"咸菜"出售，颇受欢迎而拥有较广市场。

株高 37 厘米，开展度 50 厘米×56 厘米，株型半展开、较紧束。分蘖中等，成株有分叉 12 个左右。叶黄绿色、倒披针形，长 29 厘米，宽 6～7 厘米，叶缘呈锯齿状，中部、基部全裂，有小裂片 6～8 对，叶面光滑，无蜡粉和刺毛，叶柄黄绿色，有少量蜡粉，叶柄长 2.8 厘米，宽 0.7 厘米，厚 0.4 厘米，横断面扁圆形，单株有叶片 220 片左右。品种表现早熟，从播种到采收 150 天左右，耐寒性强，抗逆性较差，易感病毒病。腌渍后色泽鲜黄，品质佳，但产量较低。产量在 3 000 千克/亩左右。

8. 浦江细叶雪里蕻 该品种属细叶类型。原产于浙江省浦江县平安乡巧溪沙坵村，是当地主栽品种之一。2002 年，由鄞州区邱隘镇转引入江西赣州后，表现很好，高产、优质、高抗病毒病，各方面性状远远超过江西当地一些品种，已在赣州生产基地和周边地区大面积推广。

株高 59 厘米，开展度 83 厘米×87 厘米，株型直立。分蘖性强，成株有分叉 27 个左右。叶绿色，倒披针形，长 64.8 厘米，宽 19.4 厘米，叶缘呈不规则粗锯齿状，尖端浅裂，中下部全裂，有裂片 8～10 对，叶面微皱，无蜡粉和刺毛，叶柄浅绿色，背面有棱角，叶柄长 6.3 厘米，宽 2 厘米，厚 0.7 厘米，横断面呈扁圆形，单株有叶片 177 片左右。该品种迟熟，从播种到采收 169 天，耐寒性强，抗病性强，产量在 5 000 千克/亩左右。适宜加工腌渍。

9. 嵊州细叶雪里蕻 该品种属细叶类型。浙江嵊州地方品种。

株高 45 厘米，开展度 50 厘米×60 厘米，株型直立。分蘖性较强，成株有分叉 30 个左右。叶色绿，倒披针形，叶缘呈不规则粗锯齿状，上部深裂，中下部全裂，有裂片 20～24 对，在大裂片上又生小裂片，叶面皱缩，无蜡粉和刺毛，叶柄浅绿，背面有棱角。品种迟熟，产量在 5 000 千克/亩左右。从播种到采收约 169 天。耐寒抗病，适宜加工腌渍。

10. 诸暨细叶雪里蕻　该品种属细叶类型。原产于浙江省诸暨市枫桥镇彩仙村，是当地的主栽品种。

株高 63 厘米，开展度 73 厘米×74 厘米，株型直立。分蘖性强，成株有分叉 32 个左右。叶绿色，倒卵形，长 71.6 厘米，宽 17 厘米，叶缘呈不规则粗锯齿状，深裂，基部全裂，有小裂片 9～11 对，叶面微皱，无蜡粉和刺毛，叶柄浅绿色，背面有棱角，柄长 5.1 厘米，宽 2.2 厘米，厚 0.9 厘米，横断面呈扁圆形，单株有叶片 186 片左右。该品种表现中熟，从播种到采收 162 天，耐寒性强，抗病性强，产量在 5 000 千克/亩左右。适宜加工腌渍。

11. 临海花菜　该品种属花叶类型。原产于临海城郊，是当地主栽品种之一。

株高 60 厘米，开展度 70 厘米×75 厘米，株型半展开。分蘖性强，成株有分叉 32 个左右。叶绿色，倒卵形，长 59.1 厘米，宽 11.8 厘米，叶缘细锯齿状，尖端浅裂，中下部全裂，有小裂片 13～15 对，叶面光滑，无蜡粉和刺毛，叶柄浅绿色，背面有棱角，长 5.7 厘米，宽 2.1 厘米，厚 0.6 厘米，横断面呈扁圆形，单株有叶片 223 片左右。该品种表现中熟，从播种到采收 157 天，耐寒性强，抗病性强，产量在 4 000 千克/亩左右。适宜加工腌渍。

12. 紫雪 1 号　该品种属板叶类型。紫雪 1 号是近年由宁波市鄞州三丰可味食品有限公司和鄞州区雪菜开发研究中心合作开发的新一代雪菜品种。株高 52 厘米，开展度 80 厘米×69 厘米，分枝 47 个，叶片数 419 片，叶片总长 46 厘米，纯叶片长 25 厘米，叶宽 12 厘米，叶柄长 21 厘米，柄宽 0.7 厘米，厚 0.7 厘米，叶绿夹红筋，叶形细长，倒卵形，上部浅裂，基部深裂。单株重 2.2 千克/株，耐寒、抗病，全株紫红，富含花青素，产量在 5 000 千克/亩左右。

13. 紫雪 4 号　该品种属板叶类型。紫雪 4 号是近年由宁波市鄞州三丰可味食品有限公司和鄞州区雪菜开发研究中心合作开发的新一代雪菜品种。株高 50 厘米，开展度 54 厘米×60 厘米，分枝 27 个，叶片数 203 片，叶片总长 57 厘米，纯叶片长 26 厘米，叶宽 13.5 厘米，叶柄淡绿色，长 31 厘米，柄宽 1.3 厘米，厚 0.6 厘米，叶全紫夹绿，叶上部卵形，浅缺裂，基部深裂。耐寒、抗病，全株紫红，富含花青素，产量在 5 000 千克/亩左右。

三、雪菜标准化栽培技术

雪菜四季都可以栽培，按收获季节不同可分春雪菜、夏雪菜、秋雪菜和冬雪菜。浙江以春雪菜、冬雪菜为主。

(一)春雪菜

1. 播种育苗

(1) 苗床选择。苗床应选择在靠近大田、土壤肥沃、地势高燥、排水良好、多年未种过十字花科作物，前作为水稻、水芋田等，以壤土或沙质壤土为宜。如选用西瓜地等旱地作苗床，应在播种前深水漫灌 3～5 天，再放水搁燥翻耕，或深水漫灌后表土覆膜、高温杀菌，以减少病菌感染。

(2) 精整苗床、施足基肥。苗床要高标准平整。耕翻以后起沟、细锄，做到深沟高畦、畦面泥土细碎，沟中碎泥要清除干净。在精整苗床的同时，要施足基肥，每亩苗床可用过磷酸钙 30 千克在整地前撒施。整地结束后，再用腐熟商品有机肥 1 000 千克泼浇畦面，并用 25% 的农地乐 1 000 倍液做土壤处理，以预防地下害虫危害菜苗。

（3）适期播种。春雪菜播种期因耕作制度、气候条件和品种而不同，在浙江嘉兴、湖州、绍兴、金华、杭州和上海市郊以9月底至10月初播种为宜；在浙江宁波因受海洋性气候影响，晚稻收获较迟，根据当地习惯，多以10月中旬为播种适期。春雪菜籽粒细小，多数品种的千粒重仅1克左右，要以"稀播"为原则，每亩苗床播量150～250克，但应视品种而异。提倡稀播，稀播的菜秧健壮，根系发达。播种前要进行种子处理，晒种后用风选、水淘等办法进行筛选，剔除秕粒、病籽、霉籽、虫籽等；苗床要浇足底水；播种要力求均匀，但由于春雪菜籽粒细小，不易匀播，在播种时可以先混合一些细沙或细干土，并先播2/3，再补播1/3。播后要加盖遮阳网或稻草、麦草，以减少水分蒸发，促进种子发芽和出苗。当80%种子发芽时，应于傍晚及时将稻草或麦草除去，以免造成"高脚苗"。

上海市南汇区老港镇牛肚村在春雪菜种子播种后的处理与浙江有所不同，他们多在播种后用盖子粪（每亩干粪500～1 000千克加过磷酸钙10～15千克）覆盖。这种方法的优点是：既起到保湿作用，又给苗床增加了一层面肥。

（4）苗期管理。应大力提倡防虫网隔离育苗。齐苗后，苗床应当及时搭好小拱棚，覆盖40目孔径、0.8毫米厚的银灰色聚乙烯防虫网进行隔离育苗。浙江椒江、慈溪等地的试验研究证明，隔离育苗能有效地防止春雪菜苗期虫害，从而减轻春雪菜病毒病的危害程度。

春雪菜出苗后，要做到早间苗、早定苗。掌握原则"1片真叶不搭苗，2片真叶不挤苗，3片真叶就定苗"。即在1片真叶时应开始间苗，删去密集苗和轧棵苗；在2～3片真叶时进行第二次删苗，删去徒长苗、细弱苗、无心苗、病苗及其他劣苗，苗距在3～5厘米；当苗长至有3～4片真叶、苗高10～13厘米时进行定苗，此时苗距为6～7厘米，即每平方米留苗135株；当苗高度 13～16 厘米、具有 5～6 片真叶时移栽。移栽时，秧本田比达到 1∶（15～20）。删苗、匀苗时，还应顺手拔除杂草。

如果苗期干旱，应早晚浇水，经常保持土壤湿润。但浇水不可太多，否则易造成霉根。苗期追肥可结合浇水、删苗、匀苗进行，一般在 4 叶期后视苗情亩施尿素 2.5～3 千克兑水泼浇或浇施商品有机肥，移栽前 5～6 天要施起身肥，每亩用尿素 4～5千克。

春雪菜苗期害虫主要有蚜虫、菜青虫和黄曲条跳甲等。注意预防病害的发生并及时防治。

2. 大田栽培与管理

（1）精细整地。春雪菜的前作多为晚稻茬，且大多为免耕栽培。在潮地收割晚稻后，应先将田面残茬、杂草清除干净，然后按定植畦宽拉绳，用铁锹起沟定畦。畦宽按春雪菜定植行距与行数确定。如浙江嘉兴，种植的品种多为植株较直立的七星雪菜或七星雪菜与金丝菜的杂交后代，行距较紧，多为 30 厘米，一畦种 4 行，所以畦宽多定为 1.2～1.4 米（7 棵稻作一畦，种 4行）；而浙江宁波现在多种植鄞雪 18 新二号、甬雪 3 号、甬雪 4号等，种植行距较宽，多在 35～40 厘米，种 4 行，畦宽多在1.60 米左右。畦沟宽度与沟深各地基本相仿，沟宽多为 25 厘米，沟深多为 20 厘米。起沟定畦以后，还应在田块中挖好主深沟（出水沟），一般 20～22 米宽的地块可在地中纵向挖一条主深沟，沟宽 25 厘米，沟深 25～30 厘米，并按纵向长度每隔 30 米，横向开好腰沟，沟深 25 厘米。切实做到"畦沟、腰沟、出水沟三配套，沟沟相通，排灌自如，保证雨停后沟中无积水"。起沟的泥土全放在畦面，锄平、锄细后即可移栽。

（2）施足基肥。在起沟前，在水稻田表面匀施优质腐熟有机肥 1 500～2 000 千克，再加施三元复合肥 40 千克。如不用三元复合肥，可用过磷酸钙 30～50 千克加钾肥 40 千克（浙江嘉兴）或过磷酸钙 30～50 千克加碳酸氢铵 40 千克（浙江宁波）代替。

然后覆土锄泥，把肥料覆盖在表土下。但不同地区在有机肥的施用方法上也存在差异，如浙江湖州一带，本田基肥多用沟施，即在水稻田起板作畦后，按预定栽植株距开浅横沟，将基肥施在沟里。每亩基肥用量，一般多为鸡、鸭粪肥 1 000 千克加过磷酸钙 40 千克加尿素 12 千克或三元复合肥 30 千克。覆土后，再在两条肥料沟之间播上或栽上春雪菜。

（3）适时移栽、合理密植。春雪菜苗龄多为 40 天左右。移栽的适期，因地区、耕作制度、品种和播期不同而异。上海与浙江杭嘉湖地区和绍兴、金华地区，春雪菜多在 11 月初至 11 月中旬移栽，而浙江宁波的瞻岐镇、咸祥镇多在 11 月下旬，连作晚稻收获后移栽。

春雪菜移栽后成活快慢和生长好坏与定植质量有密切关系。因此，在移栽时要做到"四个带""七个要"。"四个带"是：带药、带肥、带水、带土。"七个要"是：一要拉绳开穴定位；二要施足塞根肥；三要防止伤根；四要大小苗分级，匀株密植；五要秧壮根直；六要深栽壅土壅实；七要边起苗、边移栽、边浇"落根水"。定植后，若遇干旱，还应及时浇（灌）一次活根水，以促进成活。

定植密度，各地因品种、气候等因素和传统习惯的不同而不同。就品种而言，细叶型品种和花叶型品种的行株距要大于板叶型品种。如浙江杭州（富阳）九头芥行株距一般多为 40 厘米×40 厘米左右，比板叶型品种要宽。但即使是板叶型品种，不同地区、不同品种也不一样。浙江嘉兴等地栽植密度较小，行距多为 30 厘米，株距多为 25～28 厘米，每亩栽植 7 500～8 000 株，金丝菜种的密度小于七星黄叶；而浙江宁波栽植密度较稀，行距为 30～35 厘米，株距为 40 厘米，每亩栽植 4 000～4 500 株。为了确保移栽密度，要先打孔，后放苗，定穴移栽。移栽前一天，苗床要喷足水，使苗床软化，以利于第二天起苗。同时，还应浇施一次肥料、喷施一次农药，使秧苗带肥带药"出嫁"。起苗时，还要尽量多带土，以利于成活。移栽时，要将秧苗按大小分档，先种大苗，再栽小苗。秧苗要按风向排放并在放苗后，每亩大田要用"四合一"的肥料塞根。"四合一"的肥料配比为：焦泥灰30千克加过磷酸钙7.5千克加肥力高或0.3%的益益久生物液肥1千克加干有机肥25千克。如遇晴燥天气，还应用清水点根，以促进成活。

复合微生物肥料有固氮、解磷、解钾的作用，为提高其效力，可在移栽施用前7～10天先将其与有机肥拌和堆放，让生物菌先行繁殖。

（4）大田管理。

①适时补苗、抗旱。春雪菜移栽后5～7天，要进行查苗补缺，如遇连续干旱，可采用沟灌以提高成活率。沟灌一般在傍晚进行，以半沟水为宜。

②合理追肥。春雪菜本田追肥的用量与次数因地区、品种不同而不同。一般而言，细叶型与花叶型用肥量要大于板叶型品种。追肥应以氮肥为主，并应多用人、畜粪便等有机氮肥和生物肥料，增施磷钾肥料，减少化学氮肥用量，以利于在减少硝酸盐积累的前提下，提高植株抗病能力，增加产量。总追肥用量，按尿素计算，目前各地均多达50～80千克。一般追肥4次，年内施2次，第一次在栽后10～15天，第二次在农历年底前（翌年1月底）。每次施商品有机肥1 000～1 500千克或尿素5～7.5千克加过磷酸钙10～20千克，兑水1 000千克浇施。特殊干旱的年份也可把上述肥料总量分成3～4次浇施。年外也分2次施，第一次在雨水节气前后（2月中旬），第二次在惊蛰与春分节气之间（3月上旬），每亩每次施尿素15千克加氯化钾10～15千克。如天气阴雨，地间潮湿，可在行间开浅沟条施或穴施，施后结合清沟覆土，以提高肥效。如遇干旱天气，也可兑水1 200～1 500千克浇施。采收前20～30天应终止施肥，以免植株过嫩，不利于盐渍保存。

③认真做好病、虫、草害防治。重点防治对象为病毒病、根肿病、白粉病以及蚜虫、青虫、蜗牛等害虫。

3. 适时采收 春雪菜采收的时间，早熟品种多在3月下旬至4月初，迟熟品种在4月中下旬。这时正值清明与谷雨节气之间，雨量与雨日较多，应抢晴收获。采收的适期以薹长8~10厘米为宜，最迟至薹与叶相平时必须采收。过早采收，影响产量；过迟采收，抽薹过长，菜体过老，影响盐渍质量。浙江宁波菜农为保证春雪菜的盐渍质量，多在晴天上午采收，并将每株春雪菜的根部用刀削平，除去外层的病叶、黄叶，然后使其基部朝上，叶、薹朝下倒覆在畦面上晒菜脱水。晒菜脱水的时间与程度根据天气情况来定，一般为4~6小时，以春雪菜脱水占自重的30%，茎叶变软、折而不断为宜。

（二）冬雪菜

冬雪菜栽培技术与春雪菜基本相似，但要特别注意以下7点：

1. 栽培地 要加以选择，力求避免与十字花科蔬菜连作，并选用较抗病毒病的品种，如鄞雪18新二号等，以减少冬雪菜病毒病的毒源。

2. 适当迟播 经试验证明，冬雪菜的播种期以8月23日前后为宜，便于避开高温，以减轻病毒病的危害。但应因地制宜，视各地不同的气候条件、不同茬口、不同雪菜品种而有所差异。播种前一天，苗床要浇足底水。播后覆遮阳网，以保湿降温并防雷阵雨冲刷，以利于出苗。

3. 推行隔离育苗 出苗后要及时搭好拱棚，覆盖银灰色防虫网隔离育苗，以预防蚜虫，减轻病毒病危害。

4. 适时带土移栽 冬雪菜移栽时间多在9月中下旬，苗龄一般不超过30天；移栽时的行株距一般比春雪菜要密一些，但应视地区、气候条件、品种的不同，因地制宜、灵活掌握。浙江嘉兴、湖州以及上海等地多亩栽8 000~9 000株；浙江各地多数掌握畦宽连沟 1.5 米种 4 行，株距 27 厘米，亩栽 5 000～6 400 株。定植的时间最好选择在晴天 15:00 以后或阴天进行，并采用带土移栽。在移栽前一天，可喷施农药，做到带药"出嫁"。同时，将苗床浇透水，使苗床软化，便于在起苗时用菜刀在苗床上划块，使根系带土。移栽时，用"四合一"肥料塞根，塞根后再施搭根水，以利于根系与土壤密切接触，提高秧苗成活率。

5. 加强移栽后的田间管理 冬雪菜定植后要早晚浇水，有条件的可在畦面加覆遮阳网，以利于成活。生长前期，即冬雪菜定植后 15 天内，如天气干旱应在傍晚及时在畦沟中灌水，但不能漫灌。定植活棵后要及时追肥，在施足基肥（用量同春雪菜）的基础上，追肥要掌握由稀到浓的原则。一般要追肥 3～4 次，每隔 7～10 天施一次。第一次用碳铵 0.5 千克、过磷酸钙 1 千克，兑水 50 千克，每亩浇施 500 千克；第二次用碳铵 1 千克、过磷酸钙 1 千克，兑水 50 千克，每亩浇施 500 千克；第三次每亩用腐熟商品有机肥 500 千克，兑水 250 千克浇施或每亩用尿素 7.5 千克，兑水 750 千克浇施。收获前 25 天施重肥一次，一般每亩可用尿素 15 千克加氯化钾 10 千克，以提高产量、改善品质。

6. 严防病虫害 冬雪菜的主要害虫有蚜虫、菜青虫、小菜蛾、黄曲条跳甲、小猿叶虫、地老虎等。主要病害有病毒病、根肿病、霜霉病。防治的重点是虫害和病毒病。通过治蚜和其他农业综合防治措施可以有效地预防病毒病的发生。

7. 适时采收 冬雪菜生长期较短，除 30 天左右秧龄外，大田的生长期一般只有 60 天左右，多在小雪节气前后采收。

四、套种（养）高效栽培模式

（一）西瓜-雪菜-雪菜栽培模式

露地西瓜采用嫁接育苗，3 月 10 日左右播种，4 月 20 日前后定植，7 月上旬至 9 月初采收；冬雪菜 8 月 20 日左右播种，9

月中旬定植，11 月底至 12 月初收割；春雪菜 10 月 20 日左右播种，12 月初定植，翌年 4 月上旬收获。露地西瓜亩产量 4 000 千克左右，产值约 4 800 元；冬雪菜亩产量约 6 000 千克，产值 3 000 元；春雪菜亩产量约 7 000 千克，产值 3 500 元。全年三季合计，每亩产值达 11 300 元，扣除种子、农药、化肥等生产资料投入 1 000 元，30 天人工，4 500 元，每亩利润达 5 800 元，经济效益非常显著。且充分利用冬闲田，吸收大量 CO_2，具有较好的生态效益。

（二）小麦-西瓜-雪菜栽培模式

小麦 11 月下旬播种，翌年 5 月下旬开始收割。小麦收割时，只割麦穗，留下麦秸为西瓜做好铺垫。西瓜 3 月上中旬开始播种，4 月中下旬开始移栽，6 月下旬开始采收上市，8 月中旬结束。雪菜 8 月下旬开始播种，9 月中旬开始移栽，11 月中旬开始采收。一年种植三茬，不但打破传统栽培模式，促进农业产业结构调整，而且提高土地利用率，减轻连作障碍，丰富蔬菜市场，提高种植效益。

（三）雪菜-早熟晚稻-雪菜栽培模式

雪菜品种为嘉雪四月蕻，水稻为特早熟晚粳品种 417，播种期为 5 月 27 日，秧龄 30 天，秧本田比例为 1∶8，10 月中旬收获。春雪菜播种期为 9 月底至 10 月初，移栽期在 11 月中下旬，种植株行距为 21 厘米×36 厘米，每亩栽 7 000 株左右，翌年 3 月 25 日至 4 月初收获。冬雪菜播种期为 8 月 20 日，移栽期在 9 月底至 10 月初，种植株行距为 21 厘米×33 厘米，每亩栽 7 800 株左右，11 月底至 12 月初收获。春雪菜每亩产量 6 550 千克，可加工成 298 坛；冬雪菜每亩产量 4 100 千克，可加工成 186 坛。

（四）大豆-大豆-雪菜栽培模式

大豆品种为春大豆 95-1，播种期为 2 月底至 3 月初，地膜覆盖栽培，每亩播种量 7.5 千克，6 月中旬采收。秋大豆开新一号播种期为 6 月 17 日，采收期为 8 月 30 日至 9 月初。雪菜品种为嘉雪四月蕻，冬雪菜播种期为 8 月 20 日，移栽期为 9 月底至 10 月初，种植株行距为 21 厘米×33 厘米，每亩栽 7 800 株左右，11 月底至 12 月初收获。春大豆 95-1 平均每亩产量 455 千克，每千克售价 2.6 元，每亩产值 1 183 元，每亩效益 843 元；秋大豆开新一号平均每亩产量 785 千克，每千克售价 3.4 元，每亩产值 2 669 元，每亩效益 2 160 元；冬雪菜每亩产量 4 080 千克，可加工成 186 坛，按平均每坛 12 元计算，每亩产值 2 232 元，每亩效益 1 302 元。三熟合计，每亩产值为 6 084 元，每亩效益为 4 305 元。

（五）雪菜-单季晚稻栽培模式

雪菜品种为嘉雪四月蕻，春雪菜播种期为 9 月底至 10 月初，移栽期在 11 月中下旬，种植株行距为 21 厘米×36 厘米，每亩栽 7 000 株左右，翌年 3 月 25 日至 4 月初收获。春雪菜每亩产量达到 6 950 千克，可加工成 316 坛。单季晚稻品种为嘉乐优 2 号，播种期为 5 月 28~30 日，每亩播种量 1.25 千克。嘉乐优 2 号平均每亩产量 655.4 千克。

（六）浙贝母-雪菜栽培模式

浙贝母-雪菜栽培模式为浙江省宁波市鄞州区特有的栽培模式，鄞州区既是中国雪菜之乡，也是中国贝母之乡。鄞州区的章水镇、龙观乡、鄞江镇在贝母地套种雪菜栽培有着悠久的历史。而浙贝母的栽培期以 9 月前后为宜。按行距 20 厘米在畦上开横条沟、沟深 10~12 厘米，沟要直、底要平，将磷茎按株距 13~16 厘米种植。芽头向上，栽种一行，再开第二行，并把第二行翻起的覆盖在前一行上，按顺序进行。一般种子地 400~500 千克，商品地 250~300 千克。浙贝母的套种，种子田从下种到出苗需要 3~4 个月的时间，种子地种得又很深。为了充分利用土地和肥力，可套种雪菜等。雪菜选择叶柄较细且市场消费量较大的鄞雪 18 新二号雪菜、金丝菜或黄叶种，在 8 月 20~23 日育苗。

苗圃地与大田的面积之比约为 1∶10，苗期 30 天左右，9 月 20～22 日移栽。株行距 25 厘米×25 厘米，密度 4 000～5 000 株/亩，约 12 月初收割。

（七）雪菜-西瓜-雪菜栽培模式

西瓜培育选用早熟或中熟品种，如早佳、浙蜜 2 号、丰乐 5 号、巨龙、皖杂 1 号和郑杂 7 号等，于 3 月 28 日至 4 月 2 日营养钵拱棚育苗，双层膜覆盖。晴天移植，每亩栽植密度为早熟品种 800 株，中熟品种 600～700 株。早熟品种在 6 月下旬末至 7 月上旬开采，7 月中旬采毕；中熟品种在 7 月上中旬开采，7 月下旬初期采毕梅前瓜。

雪菜培育选择叶柄较细且市场消费量较大的鄞雪 18 新二号雪菜，在 8 月 20～23 日育苗。苗圃地与大田的面积之比约为 1∶10，苗期 30 天左右，9 月 20～22 日移栽。株行距 22 厘米×25 厘米，密度为 6 000～7 000 株/亩，约 12 月初收割。

榨菜培育所选品种是半碎叶类型的海螺种或缩头种。苗圃地与大田的面积之比约为 1∶6，须在种雪菜时预留好。播种日期安排在前茬雪菜移栽之后，即 9 月 28 日至 10 月 2 日。苗龄 38～40 天，于 11 月中旬初期开始移栽。约翌年 4 月初收割榨菜头。

（八）榨菜-黄瓜-雪菜栽培模式

榨菜-黄瓜-雪菜栽培模式在浙江宁波有 0.5 万亩左右，主要分布在宁波市余姚、慈溪等地，以余姚临山最为集中。榨菜选择适宜加工、产量高、抗病性较强、抽薹迟、品质较好的半碎叶品种，如余缩 1 号、缩头种、甬榨 1 号，榨菜一般在 11 月上中旬定植，翌年 4 月上旬收获，平均亩产量 4 000 千克，亩产值约 3 500 元。黄瓜选用鲜食及加工兼用并适合露地栽培的品种，如津春 1 号、绍兴乳黄瓜。黄瓜在 3 月中下旬播种育苗或 4 月中旬直播，6～8 月中旬收获，平均亩产 4 000～6 000 千克，亩产值 5 000 元左右。雪菜选用如鄞雪 18 新二号、鄞雪 18 号、金丝芥等适应性强、高产优质雪菜品种。雪菜在 8 月初播种育苗或 8 月下旬直播，10 月底至 11 月上旬收获，平均亩产 4 000 千克，亩产值 2 000 元左右。该模式年总产值在 1 万元左右，具有较高的推广应用价值。

第二节 高 菜

据日本《新撰字镜》和《延喜式》记载，高菜原产于中国四川，其祖先为"宽叶芥菜"，于 1904 年引入日本奈良县，改称"中国野菜"。因其植株高大，日本人就称其为高菜。由于人为的加入，后经选育形成三池赤缩缅高菜、山形せいさい、コブ高菜、结球高菜等 10 多个品种，目前其栽培已遍及日本各地，成为日本腌渍加工菜的主要品种。近年来，在中日蔬菜贸易中复引入中国，由于其品质风味比青菜、雪菜好，不仅细嫩化渣，而且回口微甜，产量高，冬春种植一般亩产可达 5 000 千克以上。可利用秧田种植，也可作为菜粮复种种植结构的一个组合品种。因此，其种植分布区域已遍及全国，产量和增长率一直呈上升的态势，高菜已成为我国加工腌渍菜出口日本及东南亚国家的主要品种之一。浙江杭州、诸暨、宁波等地都有日商定点收购的高菜生产基地。

一、品种类型

高菜与雪菜一样，均属芥菜。由于人为的加入，通过选种育种，宽柄大叶芥（即高菜）在形态上发生了变化，逐步形成了两大类型：一类是青高菜，青高菜较多地保留原有宽柄大叶芥的特征特性，但叶脉有红筋，叶肉稍有红斑，全株基本呈绿中透红；另一类是红高菜，红高菜叶脉呈红色，叶肉也含有较多紫红色色斑，全株基本呈红中泛绿。

二、主要品种

1. 三池赤缩缅高菜 由日本引进，产于日本三池县（今日本三山市)。植株直立，生长势强，株型紧凑，株高 55～60 厘米，叶长 30～35 厘米，宽 20～30 厘米，商品叶 17～19 片，叶色浓绿，叶面蜡质，有光泽，叶缘缺刻，叶脉紫红色；叶片和叶柄宽大，叶柄浅绿色，叶柄长 30～35 厘米、宽 6～8 厘米，肉质厚，肉质叶柄与叶片之比为 2：1；心薹高 5～8 厘米，有未展开心叶 4～5 片，淡黄色；平均单株净菜重 1.5～2.5 千克。耐寒，耐湿，抗病，抽薹晚。有独特的辛香味，适宜腌渍加工，腌渍的产品质地脆嫩，色泽金黄，味香、口感好。

2. 青高菜 植株直立，生长势强，株型紧凑，株高 50～55 厘米，叶长 32～36 厘米，商品叶 17～19 片，叶色浓绿，叶长 42～48 厘米，宽 20～30 厘米，叶面蜡质，有光泽，全缘、叶脉紫红色、稍皱缩、无茸毛。叶片和叶柄宽大，叶柄浅绿色，叶柄长 30～35 厘米、宽 6～8 厘米，叶柄肉质厚，肉质叶柄与叶片之比为 2：1，是加工的主要构成部分；心薹高 5～8 厘米，有未展开心叶 4～5 片，淡黄色；平均单株净菜重 1.3～2.0 千克。耐寒，耐湿，抗病，抽薹晚。高菜纤维含量少，可鲜食，有独特的辛香味，适宜腌渍加工，加工产品脆嫩可口。色泽金黄，味香、口感优于雪菜、白菜等腌渍菜。

3. 甬高 2 号 新选育的高菜品种。株型较直立，株高约 52 厘米，开展度约 62 厘米×55 厘米，单株重约 1.48 千克。叶数约 22 片；叶全缘，叶面皱褶，有光泽，蜡粉少，无刺毛，正面叶脉紫红色；最大叶叶长约 54 厘米，宽约 28 厘米，叶柄长约 6 厘米、宽约 6 厘米、厚约 1 厘米；中肋淡绿色，有蜡粉，横断面弧形，长约 32 厘米、宽约 11 厘米、厚约 1 厘米，软叶率 40% 左右。该品种耐寒性和冬性较强；田间表现软腐病较轻。丰产性较好，加工性状较好。产量 5 000 千克/亩左右。

4. 三丰 1 号 新选育的高菜新株系。植株直立，株高约 53 厘米，开展度 55 厘米×66 厘米，单株重 1.2 千克/株，能产生分枝，分枝数 24 个，叶片数 101 片，叶片总长 43 厘米，纯叶片长 27 厘米，叶宽 12 厘米，叶柄长 16 厘米，柄宽 1.2 厘米，厚 0.6 厘米，叶长椭圆形，绿色夹紫，叶上部浅裂，基部深裂。产量 5 000 千克/亩左右。

三、栽培技术

（一）育苗移栽

1. 基地选址　基地应选择周围 1 000 米内无污染源，或污染物含量限制在允许范围之内，土壤 pH 6.0～6.5，以壤土或沙壤土为宜，土壤、空气、灌溉水等环境质量符合《无公害农产品种植业产地环境条件》（NY/T 5010—2016）的要求，生态环境良好、排灌好、土壤肥沃、土地相对集中连片的农业生产区域内建立生产基地。涝渍、过黏、贫瘠的土壤都会使高菜生长发育不良。

2. 整地　前作收获后及时精耕细整作畦，畦宽 120～130 厘米（含畦沟），高 20～25 厘米。每亩施腐熟厩肥 3 000～4 000 千克，或商品生物有机肥 50 千克，或 45% 三元复合肥 20 千克，加钙镁磷肥 50 千克、硼砂 1.0～1.5 千克作底肥。商品生物有机肥集中施于深 7～10 厘米的定植穴（或定植沟）中。

3. 播种育苗

（1）选好品种。高菜生产应选择经品种试验，在当地适应性、丰产性、抗病性好且符合出口要求的品种。种子质量应符合《瓜菜作物种子　第 4 部分：甘蓝类》（GB 16715.4—2010）的要求。出口日本的高菜品种一般宜根据日方要求，以经过生产与外贸多年验证的三池赤缩缅高菜品种为主。内销的可选育我国自己选育的高菜品种，如甬高 2 号、三丰 1 号等。

（2）选好、整好苗床。高菜育苗移栽的苗床应选近年未种过十字花科蔬菜、地势高燥、排水良好，土壤肥沃、团粒结构好，便于起苗带土移栽的沙壤土田块。提倡利用水稻田育苗。

苗床应事先（最好在夏季）翻耕晒白，播种前 7～10 天结合整地，每亩施腐熟厩肥 3 000 千克，加三元复合肥 5 千克作底肥或全层深施 25 千克/亩复合肥。苗床畦宽 1.0 米，沟宽 1.5 米，深沟高畦，苗床土下粗上细，畦面细平光滑。苗床与种植大田的比例为 1∶20。

播种前进行苗床消毒，选用 25% 雷多米尔 500 倍液加 48% 乐斯本 800 倍液喷洒苗床，消毒灭菌杀灭地下害虫。为减少育苗期间的杂草危害，同时降低生产成本，可选用安全性好、杀草谱广的旱地除草剂都尔。使用剂量为 70% 都尔乳油 20 毫升加水 15 千克在播前进行苗床畦面封杀，并浇水湿透苗床，可以确保育苗期间无杂草危害。

（3）播种育苗。10 月上中旬播种，每亩播种量按栽培的大田面积 10 克/亩计算。播种时应细播匀播，播后用 50% 多菌灵 600～800 倍液浇 1 次压种水，防止苗期病害。出苗后注意浇水保湿，二叶期后及时间苗，并视苗情施 1～2 次 0.5% 的尿素或 0.5% 三元复合肥液，或 10%～15% 沼气液肥提苗。间苗 1～2 次，苗距 6～10 厘米。秧苗 5～6 叶期时及时移栽。期间应及时做好蚜虫的防治工作。

4. 适时移栽，合理密植　11 月上中旬以幼苗 5～6 片真叶，整个秧苗期 30 天左右时移栽为宜。播种定植过早，前期气温高生长旺，冬季易受冻害而感染软腐病等病害；定植过迟，气温低，冬前生长慢，难以形成高产苗架。一般每畦栽 2 行，株行距为 50 厘米×40 厘米，每亩栽 2 500～3 200 株。

5. 田间管理

（1）追肥。按《绿色食品　肥料使用准则》（NY/T 394—2013）要求施好 3 次促长肥，年内施好壮苗肥，促进生长。第一次于移栽成活后施用，一般可用复合肥 5 千克/亩或配成 0.5%～0.7% 尿素与 0.5%～0.7% 三元复合肥液，按每株 0.3 千克肥液浇施。第二次于 12 月下旬封行前施用，这次肥料应以有机长效肥为主，增施磷钾肥，促苗健壮生长，增强抗寒力。一般可按每亩施腐熟厩肥 2 000 千克或三元复合肥 15 千克，加氯化钾 5 千克。第三次肥是促产肥，于翌年 2 月中旬气温回升后，高菜进入旺长阶段施用，这次肥料以速效肥为主，每亩施三元复合肥 10～15 千克、氯化钾 5 千克、尿素 5 千克或尿素 25 千克/亩。采收前 20～25 天停止施肥，防止硝酸盐含量超标。

（2）水分管理。应选用无污染的江河水和水库水浇灌。生长前期雨水偏少，结合追肥适当浇水；生长中后期雨水偏多，要注意清沟排水，做到雨停无渍水。

6. 及时采收 3 月 20 日左右，当高菜薹高 5～7 厘米时，按高菜的出口收购标准，选晴天收割，除去病叶、黄叶，就地晒蔫，捆把运输销往加工厂。

（二）大面积直播技术

田块选择、大田整地要求与育苗移栽大田相同，但要求作畦更加精细：9 月中旬翻耕晒垡，及时耙透、耙碎，畦沟、腰沟、边沟三沟配套，全田平整，一步到位，确保能排能灌。

1. 肥料运筹

（1）合理确定施肥总量。应根据当地土壤肥力状况和各种肥料的吸收利用率确定，一般每亩以生产高菜 3 500 千克计，需肥量为土杂肥 2 000 千克、发酵饼肥 50 千克、三元复合肥 50 千克、氯化钾 15～20 千克。

（2）施足基肥。每亩用三元复合肥 50 千克、发酵饼肥 50 千克，施入深 8～10 厘米的穴内，2 000 千克的优质土杂肥盖在上面，基本填平穴，以便在播种时，将种子与肥料隔开，防止烧苗。

（3）合理追肥。追肥主要分 3 个阶段：11 月上旬进入冬季，为了增强高菜的抗寒能力，应适当追肥。特别是"三类苗"（即弱苗、小苗、病苗）的管理。一般每亩施 2.5 千克尿素、5 千克氯化钾，保证大部分苗以 6～8 片真叶越冬。翌年立春后，高菜开始缓慢生长。此时既要保证肥料的供给，又要防止倒春寒，氮肥应继续控制。一般以每亩施尿素 5 千克、氯化钾 5 千克为宜。3 月高菜进入旺盛生长阶段。因此，进入 2 月下旬就应重施一次肥料，每亩施尿素 10～15 千克、氯化钾 5 千克。整个生育期用复合肥进行 2～3 次叶面喷肥。不同田块土壤肥力状况不同，追肥时应根据苗的长势长相灵活掌握，看苗追肥。

2. 播种　10 月 5～15 日根据天气情况适时播种，确保全苗。播前按照 50 厘米×35 厘米的密度打穴，每畦 3 行，每亩栽 3 000 株。每穴点 3～5 粒种子，用优质土杂肥盖籽，厚度约 0.5 厘米。地下害虫严重的田块，可在盖籽的土杂肥中加入敌百虫晶体，每亩用量 1 千克。播种结束后，若水分不足，可灌半沟水，润透畦面，种子能正常发芽即可。

3. 田间管理

（1）间苗、补苗。直播高菜 1 叶 1 心时进行第一次间苗，主要间去拥挤苗、弱小苗，对将来可以带土移栽的散生、稀疏苗尽量保留。3 叶 1 心时，利用阴天或傍晚带土补苗。移栽时菜心要平畦面，主根要伸直，同时浇透返苗水。补苗一周后，进行第二次间苗（即定苗），每穴保留 1 株壮苗。

（2）除草、中耕。直播田杂草特别是禾本科杂草会大量发生。在杂草 2～5 叶期，可用 15%、35% 的稳杀得或 12.5%、24% 的盖草能叶面喷雾，可得到有效的控制；幼苗 2 叶 1 心前后、入冬前开春后，利用晴好天气进行中耕，除去阔叶杂草，提高地温，改善土壤的通透性。

（3）水分管理。高菜的生长需要湿润的土壤环境。如果天气干旱，要适时浇水，保证水分供给。但进入 11 月中旬以后，应适当控制水分，进行蹲苗，以增强抗寒能力。开春后，雨水增多，要做好清沟沥水工作，防止渍害。

（4）防寒保暖。11 月底，高菜 6～8 片真叶时，已有较强的抗寒能力。为了抵御－7℃以下的低温冻害，在中耕的基础上，用土杂肥围根护苗（以不盖没菜心为原则），确保高菜安全越冬。

（5）植保工作。幼苗出土后，要经常查看病虫情况。冬前，主要害虫有蚜虫、菜青虫、黄曲条跳甲，特别是蚜虫，应及时用10%的一遍净2 000倍液防治，尽可能降低病毒的感染率。立春后，继续防治蚜虫。

4. 适时采收　高菜的收获标准为株高40～50厘米、薹高10厘米以下。一般3月底至4月初采收。采收宜选择晴好天气。上午收割后在田间晒一段时间，让其失去部分水分，以减少机械损伤影响品质，然后捆扎，装车，销售。

四、套种（养）高效栽培模式

1. 高菜-早稻-晚稻栽培模式　此模式的季节搭配是：高菜品种选用日本高菜、甬高1号、甬高2号。10月初播种育苗，11月上中旬移栽，3月底至4月初收割，订单生产。早稻采用抛秧栽培，4月初播种育秧，4月20日左右抛秧，7月20日左右收割。晚稻选用杂交粳稻E3-4，6月25～28日播种育秧，7月底前移栽结束，11月上旬收割。

2. 露地三池赤缩缅高菜-民田茄一年两熟栽培模式　高菜在9月下旬至10月上旬播种。播种后1个月左右（即10月下旬至11月上旬）移栽定植，栽植行株距保持40厘米×40厘米，每亩定植密度为3 500株左右。翌年3月下旬至4月上旬陆续收获。

民田茄在3月下旬至4月上旬播种。4月下旬至5月中旬定植，株距60厘米，行距60～70厘米，每亩定植1 600～1 800株。从6月中旬开始收获，至10月上旬采收结束，采摘期长达4个月。

3. 大葱-高菜栽培模式　具体为第一茬栽培大葱，于3月下旬播种，6月定植，11月下旬收获；第二茬栽培高菜，10月播种，11月下旬定植，3月底至4月初收获。此后的第三茬可以接着栽培小松菜或青刀豆等作物。

第三节 结 球 芥

结球芥（*Brassica juncea* var. *capitata* Hort）又称包心芥，原产于中国，以叶球和叶片为食用部位，叶片叠包呈牛心状细叶球，基部外层未包叶七八片，包心叶7～9片；一般单株重1000克左右，最重的可达1500克，主产于广东、广西和福建。近年来，浙江的种植面积逐步扩大。余姚市目前每年栽培面积1万亩左右，每亩产值2500元。其加工产品为酸菜或泡菜，在国内外享有盛誉。近年来，随着酸菜工厂化加工技术的发展，结球芥逐渐成为浙江东部滨海平原地区主要种植蔬菜种类之一。包心芥因含有较多的硫代葡萄糖苷而具有特殊的辛辣味，加工腌制品具有独特的香气，产品味道鲜美。包心芥因其生长期短，容易管理，加上经济效益高，已经成为宁波乃至浙江东部农民的致富"新宠"。收获的结球芥经当地加工企业腌制成酸菜后，畅销全国各地，深受广大城乡居民的青睐。

1. 可以考虑选用的秋季结球芥新优品种

（1）白沙短叶6号。广东省汕头市白沙蔬菜原种研究所选育。该品种中迟熟，播种至初收约95天，延续采收期约15天；生长势强，株型矮壮，株高32～35厘米，开展度70～75厘米；叶球近圆形，横径18～20厘米，球高19～20厘米，球重1.2～1.5千克，绿白色；结球紧实、一致；品质好，适于腌制及炒食；田间表现耐涝性强，耐霜霉病、软腐病、根肿病。

（2）特选大坪埔大肉包心芥。香港蔡兴利国际有限公司引进。该品种高温适应性较强，熟期较早，一般定植后60天左右收获。株型较紧凑，叶阔而平滑，叶柄宽，株高30厘米左右，株幅50厘米左右，结球力和抗逆性较强。肉质厚、质脆嫩，叶球叠包结实，球横径12～15厘米，单球重1千克左右。该品种在浙江省余姚市已经种植近10年。

（3）大坪埔大肉包心芥。广联种苗行引进。苗期约 25 天，定植后约 60 天收获，每株重 2 千克左右，结球力特强，肉质厚、质嫩。

（4）金天大坪埔包心芥。广州金天农业科技有限公司生产。新选一代中迟熟包心芥新品种，生长快速，生长势强健，耐热耐湿，抗病力强，适应性广，高产优质，耐储运，定植 65 天可以采收，叶片淡绿色，稍皱叶片，叶柄扁阔肥厚，结球大而结实，菜质脆嫩，口感好，单株重 2.5 千克，商品性佳。

（5）特选大坪埔大肉包心芥。广东省佛山市南海明优种子行引进。结球力特强（适温期），肉质厚，质地嫩，是作加工腌渍菜及家庭食用之佳品，定植后约 60 天收获，每株 1～2 千克（适温期）。适温期为 12～28℃。

（6）大地 11 号大坪埔包心芥。香港大地农业有限公司生产。抗病力强，耐热，耐雨，耐抽薹。定植后约 60 天收获，结球紧实，外叶短，叶柄肥厚有肉，单株重可达 3 千克，品质香甜脆嫩，可供鲜食及腌渍酸菜用。

（7）金沙大坪埔包心芥。广东省汕头市金沙蔬菜研究所选育。早熟，苗期 20 天，定植后 60 天可以收获。单株重 2.5 千克左右，结球大而紧，结球力强。耐热、耐湿、抗病、适应性广。纤维少，品质优良，肉厚脆嫩，商品率高。亩产 3 000 千克左右。

（8）金沙短叶晚芥菜。广东省汕头市金沙蔬菜研究所选育。中迟熟品种，苗期 20～22 天，定植后 75 天左右可以收获。植株矮壮，株高 32～35 厘米，开展度 70～75 厘米，叶近圆形，绿色，球高 19～20 厘米，球重 1.5 千克左右。叶球嫩大，品质优良，是熟食及腌渍加工的理想品种。亩产 3 800 千克左右。适应性广，易种植。耐霜霉病、软腐病、根肿病。

（9）甬包芥 2 号。中晚熟品种，生长势强。株高 44.2 厘米，开展度 66.3 厘米×51.0 厘米；叶葵扇形，黄绿色，叶面多皱，叶缘具锯齿，无刺毛；最大叶长 48.9 厘米，宽 48.1 厘米；叶柄扁阔，横断面呈扁弧形。叶球叠抱紧实近圆形，淡绿色，横径 16.6 厘米，纵径 17.7 厘米，球重 1.5 千克，鲜食与腌制品质均较佳。

2. 播种育苗　包心芥喜光照和冷凉环境，比较耐寒，营养生长所要求的适宜温度为 15～20℃，10℃以下或 25℃以上生长缓慢。由于它是浅根性作物，根系又密集，故适宜在保水保肥力好的肥沃土壤中育苗及种植。一般不采取直播方法，宜选用育苗移栽方法；有条件的可采用穴盘育苗法。7 月 25 日左右播种，大田每亩用种量 25 克。整地要精细，畦面呈龟背形，并用辛硫磷 1 000 倍液喷洒畦面，防地下害虫。整畦后即播种（撒播），之后用木板压实、压平，使种子与土壤充分接触，再覆盖 0.5 厘米厚的细沙或过筛土杂粪。播后覆盖遮阳网，可保湿与防暴雨冲刷，2 天后，部分种子的种芽露出土面，应及时揭去覆盖物，浇透水，以后视天气、秧苗生长情况适量浇肥水。并在此基础上做好删密、施肥、浇水、除草等一系列田间管理工作，每亩留苗数 45 万株。苗期 25～30 天，具有 5 片左右真叶时定植。

3. 整地定植　施足基肥。大田每亩施腐熟有机肥 2 000～3 000 千克，三元复合肥（15 - 15 - 15）20～30 千克或相对应的肥料，并根据土壤肥力适当增减。生产上应合理密植，畦宽（连沟）一般 1.2～1.5 米，采用深沟高畦，精细整地。畦宽（连沟）120 厘米，种 2 行，株距 30 厘米；畦宽（连沟）150 厘米，株距 25 厘米，每亩种植 3 500 株左右。定植时，选择阴天或晴天傍晚进行，做到"三带"（即带土、带肥、带药）下田。并剔除僵苗、小苗、病苗。定植后及时浇施浓度为 0.3％的尿素溶液，一般每亩用尿素 3 千克，加水 1 000 千克。

4. 田间管理　及时查苗补缺。加强肥水管理，结合抗旱及时施肥；为了优质，须施足基肥并及时追肥，施肥以氮肥为主，配施磷肥和钾肥，以提高抗病能力。肥料由淡到浓，一般每亩用尿素 4～5 千克或相对应的肥料，每隔 7～10 天施 1 次，追施 2～3 次。当包心率达 5％左右时（一般 9 月 25 日左右）重施包心肥，每亩追施尿素 20 千克加氯化钾 10 千克。以后根据长势、肥力灵活掌握。在采收前半个月应停止施肥，同时结合浇水、追肥进行中耕除草。防止土壤板结，保持土壤湿润。

5. 采收 适时收获。一般在 10 月 20 日左右，叶球紧实、外叶稍黄时即可采收。

6. 病虫害防治

（1）病毒病。全生育期都有可能发生，主要表现出花叶和缩叶症状。花叶型主要发生在嫩叶上，表现明显花叶，病株生长缓慢或矮缩，后期病叶变黄枯死。缩叶型多发生在新抽出的嫩叶上，病叶明显表现出深绿与浅绿相间皱缩花叶，脉间组织上凸，叶柄歪扭。防治方法：避免与十字花科蔬菜连作；适时追肥、浇水、采用氮、磷、钾和微量元素平衡施肥技术；及早拔除或烧毁病株；及时防治蚜虫、白粉虱等具刺吸式口器的害虫；采用 10％的磷酸钠浸种 20 分钟，发病初期喷施 20％病毒 A 可湿性粉剂 500 倍液，以增强植株抗病能力；用锋利的小刀采收，并经常用高锰酸钾溶液浸泡小刀，发病株先不要采收；采用防虫网、遮阳网覆盖栽培。

（2）霜霉病。发病初期应立即防治，可选用 75％百菌清可湿性粉剂 600～800 倍液或 72％霜脲·锰锌（克露）可湿性粉剂 600～800 倍液。

（3）菌核病。病菌多从茎基部和外叶叶柄处开始侵染，初期病斑为水渍状灰褐色至黄褐色，迅速向四周发展，使病部呈不规则腐烂，随病害发展在病组织表面产生浓密絮状白霉，以后变成黑色菌核。防治方法：用 10％的盐水浸泡，除去菌核，然后用清水淘洗干净。忌连作，宜施足底肥，增施磷钾肥，注意排水。发病初期可喷 50％速克灵兑水 1 000～2 000 倍、50％多菌灵兑水 500 倍、40％菌核净兑水 1 000 倍，着重喷洒植株茎基部、老叶和地面，每隔 5～7 天喷 1 次，连喷 3～4 次。

（4）软腐病。种子用 50～55℃温水浸 20～25 分钟，再浸入凉水 4 小时，发病初期可选用 72％农用链霉素可溶性粉剂 3 000～4 000 倍液喷雾，隔 5 天喷 1 次，连喷 3～4 次。

（5）根肿病。一般多发生在莲座期之前，黏性土、有机质少的田块发病严重。防治方法：对重病田适当施用草木灰或每亩用生石灰 30～35 千克调节土壤酸碱度，可减轻病害。

（6）蚜虫。应掌握"见虫就防，治早治少"的原则。重点是苗期和定植后越冬前。喷雾要细致周到，隔 7～10 天喷 1 次，连续 2～3 次。每次每亩喷药液 50～70 千克。常用的药剂有 50％辟蚜雾（抗蚜威）可湿性粉剂 2 000～3 000 倍液、10％多来宝悬浮剂 1 500～2 000 倍液、20％蚜克星乳油 1 000 倍液、25％菊乐合酯 2 500 倍液、3％莫比朗乳油 1 000～1 500 倍液、10％吡虫啉（大功臣、一遍净）3 000～4 000 倍液。这些农药应交替使用。在苗期，由于秧苗比较柔嫩，容易发生药害，因此用药浓度应适当降低。此外，喷药的部位主要是秧苗（植株）的幼嫩部分，但叶背及地面不可忽视。

（7）菜青虫。菜青虫发生危害时，可于傍晚用 10％虫螨腈（除尽）悬浮剂 1 500 倍液，或 5％氟虫脲（卡死克）乳油 1 000～1 500 倍液或 5％氟啶脲（抑太保）乳油 1 500 倍液喷药防治，农药轮换使用。

第四节　弥陀芥菜

弥陀芥菜，又名瘤芥菜，起源于南方，因叶柄内侧生有一如拇指大小的瘤状突起而得名，是大叶芥的一个变种。瘤芥菜叶大，边缘有刻缺，表面多皱褶，叶脉隆起之块状物，像弥勒佛的大肚子。所以，浙江宁波和上海等地有一个很形象的叫法，叫做

"弥陀嘎菜"，即弥陀芥菜。古人释"芥"字：芥从介，取其气辛而有刚介之性，其种不一，有青芥、紫芥、白芥、南芥、荆芥、旋芥、马芥、石芥、皱叶芥、芸薹芥。浙江宁波人通常熟知的是弥陀芥菜、雪里蕻、茎瘤芥、包芯芥4种，都属芥，而皱叶芥即弥陀芥菜。

弥陀芥菜在浙江宁波以农户自产自腌自销为主，主要销往本地和杭州一带，深受消费者欢迎。宁波人很喜欢食用腌制的弥陀芥菜。经过腌制的弥陀芥菜呈橙色，粗纤维少，具有鲜、香、脆、嫩的独特风味，有促进消化、增进食欲的作用。腌制弥陀芥菜生食、炒食、做汤均可，还可以作为多种炒菜的配料，久煮不糊，脆而爽口，较耐储存，食用方便，是春淡季的主要蔬菜之一。

1. 作型

（1）冬季栽培。10月上旬育苗，11月上中旬定植，翌年3月底至4月初采收，6月中旬采种。

（2）早春栽培。11月中下旬育苗，翌年2月上中旬定植，4月中旬至5月上旬采收，6月中旬采种。

2. 对环境条件的要求　喜温和气候，生育适温 15～20℃，但耐寒力较强，在冬季气温−5℃左右条件下，能顺利露地越冬。

3. 栽培要点

（1）品种。浙江宁波和上海等地栽培的有黑叶弥陀芥、白叶弥陀芥两种。黑叶型耐寒力强，白叶型产量较高。生长期均在200天左右。

（2）整地。翻耕深10～12厘米，每亩施充分腐熟的有机肥2 500千克及氮、磷、钾各15％的蔬菜专用肥30千克作基肥，作宽1.8米（连沟）的畦。

（3）育苗。弥陀芥一般都行育苗移栽，露地育苗的播种期为10月上旬，保护地育苗的播种期为11月中下旬，苗龄45天左右。

（4）定植。露地育苗的11月上中旬定植，行距30厘米、株距30厘米；保护地育苗的，2月上中旬定植，行距24厘米、株距24厘米。

（5）田间管理。11月定植的，活棵后施1次活棵肥，每亩追施尿素5～10千克；翌年1月中旬施1次腊肥，每亩追施尿素10千克；3月上旬再施肥1次，每亩追施尿素10千克。2月定植的，施1次活棵肥后隔半月再施肥1次，每亩每次施尿素5～10千克。

（6）病虫害防治。

①病害防治：主要病害有病毒病、软腐病等。病毒病需在苗期进行预防，可用8％宁南霉素水剂等喷雾；软腐病可用40％噻唑锌悬浮剂75～100毫升/亩等防治。

②虫害防治：主要虫害有蚜虫、菜青虫、小菜蛾等。蚜虫可用70％吡虫啉水分散粒剂2～3克/亩等防治；菜青虫和小菜蛾可选用5％氯虫苯甲酰胺悬浮剂30～55毫升/亩、60克/升乙基多杀菌素悬浮剂20～40毫升/亩等防治。注意农药交替使用，并严格掌握农药安全间隔期。

（7）采收。薹高长到3厘米左右时选晴好天气起收，此时弥陀芥菜品质最佳。11月定植的，3月底至4月初采收；翌年2月定植的，可采收到5月上旬。每亩产量约3000千克。

（8）加工。经切根并除去黄叶、老叶和泥块后，将菜蒲头倒挂，晒1～2天，或在室内打堆发酵1天左右，待菜叶略转黄后再晾晒一次，使茎叶变得柔软，避免加工踏菜时茎叶破碎，有利于延长储藏时间和提高品质。弥陀芥菜腌制，农户大都采用大缸或水泥池，也有的在野外空地挖一地窖，用塑料薄膜衬底腌制，地窖用后填土复原。腌制时，每放二三排菜头撒食盐一层，层层踏实，出卤为止，食盐用量掌握下少上多，每100千克鲜菜用盐4千克。若要延长储藏，再适当增加一点食盐，最后在菜头上面撒一层封口盐，并用块石压实。也有的菜农在腌制时，每 100 千克再加入干辣椒 0.5 千克。一般腌制 20～30 天即可起菜上市。

（9）留种。4 月选无病毒病和叶片宽厚、弥陀肥大的植株留种，5 月上旬开花，6 月中旬种子成熟。每亩种子产量约 30 千克。种子使用年限为 1～2 年。

第五节　其他叶用芥菜

一、四川叶用芥菜栽培技术

（一）四川叶用芥菜生产概况

芥菜是原产于中国的十字花科芸薹属重要蔬菜，四川盆地是芥菜类蔬菜的次生起源及多样化中心。四川大面积栽培的叶用芥菜种类主要包括：宽柄芥和卷心芥（泡酸菜）、大叶芥（资中冬菜）、小叶芥（芽菜）4 个变种；已形成了四川泡酸菜、资中冬菜、宜宾芽菜等众多名特优产品。冬菜品种主要为小叶芥，主产于四川的南充、资中等地；芽菜主要品种为大叶芥，主要产区在四川的宜宾地区。目前，四川叶用芥菜常年种植面积都在 50 万亩以上，年产量达 300 万吨，产值 4 亿元以上，加工产值 40 亿元以上。

（二）叶用芥菜营养品质

四川冬菜以大叶芥为主要原料，分为南充冬菜和资中冬尖，是四川的著名特产。南充冬菜色泽乌黑油亮，组织脆嫩，香气浓郁，风味鲜美；资中冬尖色泽金黄，质地脆嫩，菜香突出，用来煮汤、炒肉、做佐料，香气四溢，味带回甜，鲜美无比。四川冬菜主产于四川的南充、资中等地，历史悠久，创始至今有 200 多年历史。冬菜的营养成分较为丰富，每 100 克四川冬菜含有蛋白质 9.7 克、脂肪 0.6 克、碳水化合物 11.8 克、粗纤维 2.8 克、钙 300 毫克、磷 210 毫克、铁 12 毫克等。

宜宾芽菜以小叶芥为原料，又称"叙府芽菜"，是四川传统四大名腌菜之一，创始于1921年。宜宾芽菜香脆甜嫩，不但味美可口，还含有氨基酸、蛋白质、维生素、脂肪等多种营养成分，每100克芽菜中含有蛋白质4.9克、脂肪1.3克、碳水化合物35.7克、钙660毫克、磷146毫克、铁27.7毫克。其独特的风味和优异的品质备受消费者的青睐。

四川泡（酸）菜以宽柄芥为主要原料，制作简单，经济实惠；脆嫩芳香，风味独特，含有丰富的维生素、氨基酸。味道咸酸，口感脆生，色泽鲜亮，有开胃提神、醒酒解腻的功能。泡（酸）菜营养价值高，每100克鲜菜中含蛋白质0.9～2.8克、碳水化合物2.9～4.2克、粗纤维0.4～1克、维生素C 83～94毫克，是白菜维生素C含量的2～3倍。富含16种氨基酸，7种人体必需氨基酸，总氨基酸约125.51克/千克。人体必需氨基酸54.7克/千克，其中，鲜味氨基酸谷氨酸和天门冬氨酸分别可高达13.43克/千克和9.64克/千克。

（三）叶用芥菜栽培技术

1. 产地环境选择　选择土层深厚、质地疏松、富含有机质、排灌方便的地块，与非十字花科作物实行2～3年的轮作。提倡水旱轮作。

2. 品种选择　根据市场需要，选择优质、抗病、高产、耐抽薹、商品性好的品种。资中冬尖用资中所特有的大叶芥品种枇杷叶青菜、齐头黄青菜，南充冬菜大叶芥品种箭杆菜、乌叶菜；宜宾芽菜选用小叶芥品种二平桩。四川泡青菜以宽柄芥、叶瘤芥、卷心芥为主要原料，品种如眉山包包青、优选包包青2号等。

3. 栽培季节　四川盆地播种时间为9月上中旬，其余地方因地制宜地调节播种期。

4. 育苗技术

（1）苗床准备。苗床应选择2～3年未种植过十字花科作物、土层深厚、地势向阳、排灌方便的地块，精细整地，消毒苗床，播前进行深翻炕土，每亩苗床施腐熟的有机肥 1 000～1 500 千克，三元复合肥（15 - 15 - 15）10～20 千克，与消毒后的床土或药土混匀，整细耙平，按 1.0～1.2 米宽作畦。

（2）播种。每亩苗床用种 250～300 克。播种宜在阴天或晴天下午进行。播前进行苗床消毒，浇水使畦面湿润，将种子用细泥沙混合后，均匀地撒在苗床上。提倡专用营养基质或漂浮育苗。播后细泥沙盖种，用稻草或遮阳网覆盖，种子出苗后，选择傍晚及时揭去覆盖物。

（3）苗床管理。播种后要保持苗床湿润，当幼苗出现 1～2 片真叶时，第一次匀苗；当 2～3 片真叶出现时，第二次匀苗。间苗后，根据苗长势每亩兑水喷施尿素 5～10 千克。苗期彻底防治蚜虫。

5. 大田栽培技术

（1）大田准备。在中等肥力的条件下，结合整地作畦，每亩施腐熟的有机肥 2 000～2 500 千克、三元复合肥（15 - 15 - 15）50～60 千克。按 1.5～2.0 米宽作畦。

（2）定植。幼苗 5～6 片真叶、苗龄 1 个月左右时，选择晴天下午或阴天带土移植。叶用芥菜发根较慢，定植时应带土移栽少伤根，避免根群扭曲、悬空，定植后及时浇透定根水，推荐使用喷淋根肿病药物定植。栽植密度因不同变种、品种、播期、肥力和生态条件等不同而有差异。四川大叶芥、宽柄芥一般每亩种植 2 500～3 500 株，小叶芥 4 000 株左右。

（3）大田管理。大田追肥以速效氮肥为主，移栽后一般追肥结合灌水追肥 2～3 次，每亩共施入 25～30 千克尿素，在定植成活后、开盘期和莲座期结合浇水并分别施入总追肥量的 30%、60%、10%。也可采用"一次性施肥法"进行。

6. 病虫害防治 叶用芥菜的病害主要有根肿病、黑斑病、霜霉病、软腐病、病毒病等，虫害主要有菜青虫、跳甲、蚜虫等。

（1）根肿病。叶用芥菜苗期受害植株初期长势正常，但晴天中午萎蔫十分明显，易拔起，好辨识，苗期大多感染主根，主根肿大。定植后地上部分生长缓慢，株型矮小，叶色变淡变黄，根部腐烂，无经济产量，损失严重。所以，叶用芥菜苗期是防治根肿病的关键时期。防治措施详见榨菜根肿病防治措施。

（2）黑斑病。植株发病一般多从外叶或下部叶片开始，发病初期病斑为水渍状，浅褐色圆形轮纹斑，逐渐发展为黑褐色，病斑略凹陷，病斑周围常有黄色晕圈。发病严重时，病斑扩大连成片致叶片发黄、穿孔甚至枯死。湿度大时，病斑上会出现黑色霉状物。该病菌主要在病残体、种子上越冬，作为初侵染源。发病后，病斑上产生的分生孢子借风雨传播，从气孔或直接穿透表皮侵入。因此，在多雨高湿条件下该病发生较为严重。温度为17℃左右、相对湿度80%以上的环境，最适合病菌生长及病害的发生流行。防治措施：①种子消毒；②合理密植，控制田间湿度，采用高畦高垄栽培；③与十字花科蔬菜进行3年以上轮作；④增施磷肥和有机肥；⑤加强田间管理，及时清洁田园，清除病残体；⑥发病初期，用32%唑酮·乙蒜素800倍液、68.75%的噁酮·锰锌水分散粒剂1 000～1 500倍液或40%克菌丹可湿性粉剂400倍液喷雾，每7天不同药剂交替使用喷施1次，连续防治2～3次。

（3）菜青虫。菜青虫是菜粉蝶幼虫的俗称，主要危害叶类蔬菜，幼虫咬食叶片，留下透明表皮，形成孔洞或缺刻。严重时叶片全部被吃光，只残留粗叶脉和叶柄，造成绝产。菜青虫取食时，边取食边排出粪便污染，同时容易引发软腐病的发生。菜青虫是宽柄芥、叶瘤芥、大叶芥等最重要的虫害。防治措施：①提前深翻晒土，清除田间杂草、蔬菜残株等越冬场所和食源。②清洁田园。收获后及时清除田间残株老叶及田边杂草，减少菜青虫繁殖场所以及消灭蛹和卵，减少虫源。③利用杀虫灯诱杀夜蛾科害虫，以减少虫源。④在低龄幼虫期进行药剂防治。采用0.3%印楝素乳油600～800倍液、1.8%阿维菌素乳油2 000～3 000倍液或5％抑太保乳油3 000～4 000倍液喷雾，交替使用药物，连用1～2次，间隔7～10天。

7. 采收及采后处理　根据市场需求适期采收，采收的产品可以是半成株或成株。成株应达到商品菜成熟但未抽薹。采收前20天禁止施用氮肥。采收后及时整理，去除泥土、老黄叶及病残叶。用于加工的芥菜，采收后原地晾晒2～3天。及时清洁田园。

二、广西叶用芥菜栽培技术

在广西春夏秋冬各地季均有芥菜种植，是淡季的主要蔬菜之一，年种植面积约90万亩、总产量170万吨左右，以叶用芥菜为主。常栽品种有柳州大肉芥菜、南宁桃榔芥菜、包心芥、潮州芥菜、枇杷叶芥、南风芥菜等。

（一）品种类型与主要新品种

1. 南宁桃榔芥菜　南宁地方品种。株高约30厘米，叶倒卵圆形，基部有裂片5～6对，叶面有褶皱。叶柄圆，有凹陷小沟，具辣粉。早熟、耐热。宜煮食及加工腌酸菜。

2. 柳州大肉芥菜　柳州市地方品种。株高35～40厘米，展度50～60厘米，叶阔矩形，心叶黄白色，适应性广，晚抽薹、耐热、耐湿、品质佳，肉质厚，直嫩纤维少，作鲜菜采收期长，味清甜也可腌制成酸菜。

3. 包心芥　广东省潮汕、广州地方品种。株高45～50厘米，横径约10厘米，叶片为宽大的葵扇形，叶缘波状，叶表皱缩。叶球近圆形或鸡心形，球叶柄扁而肥大。适应性强，较早熟，品质好，多用于加工酸菜。

（二）标准化栽培技术

1. 播种育苗

（1）种子处理。用0.3％～0.5％的高锰酸钾浸种10～20分钟或用50℃的温水浸种20分钟，捞出晾干备播。

（2）播种时间。一般采用育苗移栽，也可采用直播，最适宜播种期为9月下旬至12月上旬。其他月份也可播种，建议采用设施进行种植。

（3）苗床的准备。苗床应选择肥沃的土壤，要求排水性好、水源近。作畦，畦宽1.2～1.5米，每亩施腐熟有机肥500千克加复合肥10千克，充分与土壤拌匀，畦面要求平整。也可采用营养钵育苗。

（4）播种。播种时，应先将畦面整平，再均匀地播种，每平方米苗床用种量0.5～1.0克，播种后覆盖一层细土将种子覆没。直播时，每穴播3粒～5粒种子。每亩播种量为400～500克。

（5）苗期管理。

①水分管理。播种后视土壤水分情况，每天浇水1～2次，浇水应在清晨和傍晚进行，切忌中午浇水，阴雨天可少浇或不浇。

②间苗。出苗一周后开始间苗，将病株、弱株、劣株、密株拔除。当出苗10～15天再间苗一次，并适当控制水分，防止徒长。

③追肥。第一次间苗后追施0.5％的尿素，第二次间苗后追施1.0％的三元复合肥。

2. 选地、整地、施基肥

（1）选地。选择土层深厚、疏松、地下水位较低、排水良好、墒情好的土地。避免与十字花科蔬菜连作。

（2）整地。深沟高畦，畦面宽1.0～1.2米，畦高20～30厘米，畦沟宽30～40厘米，将畦面泥块打碎并整平，畦面略呈龟背形。

（3）基肥。每亩放腐熟有机肥2 000～2 500千克或三元复合肥50千克，将肥料与土壤充分拌匀。

（4）定植。一般苗龄在15～20天移栽，移栽前5天喷一次杀虫剂和杀菌剂。定植株行距为（25～35）厘米×（40～45）厘米，选择阴天或下午带土移植。定植后应及时浇定根水。

3. 田间管理

（1）水分管理。生长期保持土壤湿润，但不能积水，生长后期保持均衡供水。

（2）除草。结合中耕培土，及时拔除田间杂草。

（3）中耕培土。结合追肥和防除杂草进行中耕培土，培土5～6厘米。

（4）追肥。定植缓苗后，每亩追施尿素5～10千克；分别于生长中期结合中耕培土及生长后期追肥2次，每次每亩追施三元复合肥10～15千克。收获前20天停止追肥。

（5）病虫害防治。按照"预防为主，综合防治"的植保方针，坚持以"农业防治、物理防治、生物防治为主，化学防治为辅"的无害化病虫害管理原则。

选用抗病优良品种及无病虫种子，培育无病虫害壮苗。合理轮作换茬，注意灌水、排水，清洁田园。

主要虫害是菜青虫、吊丝虫、蚜虫等，主要病害是软腐病、霜霉病、黑斑病、病毒病等。可用5％抑太保乳油4 000倍液、20％氰戊菊酯2 000～4 000倍液、10％吡虫啉可湿粉1 000倍液轮换进行喷施防治虫害。可用72％农用链霉素4 000倍液、40％百菌清悬浮剂500倍液、53％金雷多米尔可湿性粉剂600倍液轮换进行喷施防治病害。

（三）套种（养）高效模式（南方塑料连栋大棚一年两收葡萄套种包心芥栽培技术）

一年两收葡萄栽培技术已经成为南方葡萄栽培的主要技术之一，在年平均气温在20℃以上的热带亚热带地区，主要采用"两代不同堂"的栽培方式，夏果采收后利用破眠技术使休眠芽在当年夏季又萌芽开花结冬果。由于该技术的广泛推广，极大地推动了广西葡萄种植产业的发展。目前，广西的葡萄栽培面积已经达到50万亩，成为广西七大类特色水果之一。其中，夏黑已经成为一年两收葡萄栽培的主要品种之一。随着休闲观光农业的不断发展，以南方塑料大棚为主的设施园艺也得到快速发展。利用塑料大棚进行一年两收葡萄栽培不仅可以提早上市，也更有利于观光采摘。为进一步探讨设施园艺作物的立体栽培模式，提高土地和设施的利用率，进行了夏果采收后套种菜心、冬果采收后套种莴笋的大棚葡萄蔬菜间套种栽培试验，既可提高土地的利用率，也避免蔬菜的生长影响到葡萄田间管理的操作，增加农民收入。

1. 塑料连栋大棚设计 大棚南北走向，长 40 米、宽 24 米，沿东西方向分为 3 跨，每跨宽 8 米，肩高 2.5 米，棚顶高 4.5 米，棚顶向西面开天窗散热；棚四周及天窗均安装有防虫网和卷膜器，夏秋季可卷膜通风散热，冬春季可扣棚保温增温。在大棚内距地面 2 米处拉钢线，用于葡萄的爬蔓，南北向的钢线间距 0.5 米，东西向每间隔 2 米拉 1 根受力钢线，使钢线呈"井"字平棚架。

2. 夏黑葡萄定植及当年管理

（1）整地。在棚内挖 4 条南北走向的定植沟，其中东、西两条定植沟离棚边 0.5 米，中间两条定植沟在水槽正下方。定植沟长宽深为 38 米×1 米×1 米，中间两条定植沟要距离大棚立柱 0.5 米。按每亩在定植沟施入有机肥 4 000～5 000 千克、钙镁磷肥 100 千克、石灰 50～100 千克作为底肥。

（2）苗木移栽。3 月上旬定植苗木，在定植沟内按株距 2 米的间距种植，每条定植沟种植 20 株，在离苗木根部 10～15 厘米处垂直插入一根 2.3 米的细竹竿，竹竿顶部绑在钢线上固定，作为葡萄的辅助引蔓。定植后浇透水。

（3）定杆定枝。当年定植的苗木萌发后，只留单蔓生长，主蔓 2 米以下的副梢全部抹除。东、西棚边的葡萄苗，待苗长至架高时，向棚内方向引蔓，在主蔓距棚边 2 米长时摘心留 2 个副梢，培育成 2 条主蔓，分别向南北走向引蔓培养结果母枝。种植在水槽下方的葡萄苗，待苗长到 1.8 米时摘心，留顶端的 2 个副梢东西走向引蔓，在距水槽 2 米处摘心，每个新梢再留顶端 2 个副梢，培育成 2 条主蔓，分别向南北走向引蔓培养结果母枝。所有南北走向的枝条长 90~100 厘米时摘心，摘心后顶端一个副梢留 3~4 片叶反复摘心，控制新梢生长，其余副梢留 1 叶后摘心，培养成第二年的结果母枝。

3. 夏黑葡萄主要栽培技术

（1）夏果主要栽培技术。

①冬季整形修剪。根据植株长势留 6~10 个芽，使冬剪后结果母枝均匀分布，确保萌发的新梢保证每 20 厘米有往东西生长的 2 个结果枝。修剪后，按结果母枝的走向平绑在铁线上。

②破眠催芽。冬季于 1 月下旬至 2 月上旬进行破眠催芽，用 50％单氰胺配制 20 倍液催芽，留顶端 2 个芽不点。在催芽处理前后 1 天内要充分灌水，保持定植沟土壤湿润。

③整枝。抹去长势极旺的梢、弱芽及副芽，选择健壮、带花穗的枝条向东西走向引蔓，枝条间隔 20 厘米，用细铁线固定在钢线上，保证枝条不重叠、不缺枝，使叶片受光均匀。当枝条长至 1.9 米长时摘心，摘心后顶端一个副梢留 2~3 片叶反复摘心，控制新梢生长。

④疏花、疏果、套袋。于开花前 5 日，将副穗剪除，穗末剪除 2/5 左右，使整形后每一花穗留 15~18 段支穗。当果粒长至黄豆大小时（花后 15 天左右）开始疏果，将伤果、病果、小果和畸形果除去，每个果穗的留粒数在 40 粒左右。疏果后即可套袋。

（2）冬果主要栽培技术。冬果的主要栽培技术与夏果基本一致，最大的区别在于催芽时间。夏果采收完后，立即清理树上的残果，使树体经过一个月左右的恢复期后才修剪枝条，修剪时每个枝条保留 10 个芽。在广西南宁于 8 月中旬点药催芽，催芽时只点顶芽。

（3）水分管理。葡萄生长期对水分的需求量较其他果树要高，且耐水性弱。葡萄修剪后遇较干旱的天气时，应立即灌水，以促进萌芽，尤其在施肥后更应配合灌溉才能发挥肥效。大雨后注意排水，排水不良的园地应于冬季修剪前设置暗管排水。

（4）肥料管理。可在 4 个时期施用，即基肥、坐果肥、膨果肥、着色肥。

①基肥。以有机肥和磷化肥为主，配施硼镁等中微肥，在冬果采收、果树进入休眠后施用。每亩可施 2 000～3 000 千克、钙镁磷肥 50～80 千克、硼砂 30～50 千克、三元复合肥（15-15-15）200～250 千克。

②追肥。分 3 次施用，分别为坐果肥、膨果肥、着色肥。在果实坐稳后抓紧施用坐果肥，以氮肥为主、磷钾肥为辅。在果实膨大期施用膨果肥，以磷钾为主、氮肥为辅。在果实开始转色时施用着色肥，全部用磷钾肥，不用氮肥。

③叶面肥。葡萄生长期间，可结合喷药进行根外追肥。一般是花前、花后喷 0.3% 尿素、0.2%～0.5% 硼砂和 0.2% 磷酸二氢钾各 1 次；果实膨大期喷 0.3% 磷酸二氢钾 2 次；着色期交替喷施 0.5% 尿素和 0.3% 磷酸二氢钾 2～3 次。

（5）病虫害防治。葡萄属于温带果树，在高温高湿的环境下生长，非常容易发病，生产上以预防为主、综合防治为辅。一般情况下，在冬季修剪清园后，全面（包括地面）喷 1 次 3°石硫合剂或 1：0.7：200 的波尔多液，以降低病菌越冬基数；在萌芽后花开前，喷 1 次 40% 多菌灵 600 倍液加 1.5% 爱福丁 3 000 倍液，防治黑痘病和螨类危害；花后 20 天左右，喷 1 次 80% 科博 1 000 倍液，然后果穗套袋；进入高温高湿季节，葡萄易感黑痘病、霜霉病和白腐病，应及时喷科博、福星、速克灵、粉锈宁、退菌特等药剂，注意交替使用各药剂。施用农药时，一定要把叶面、叶背、树干全部喷到，这样才能更好地达到除虫防病的效果。以上各种药须注意交替使用，以避免病虫害的抗药性。在采前 15～

20 天停止用药。并合理地修剪、疏枝，使架面的通风透光条件有所改善，减少病虫害发生。

4. 芥菜主要栽培技术

（1）品种。选择早熟的品种，如包心芥。

（2）育苗。于葡萄冬季修剪前 20～25 天，即 12 月中下旬进行育苗。选用商品化的育苗基质、采用 72 孔穴盘进行育苗，每穴点种 1～2 粒种子，出苗后 7 天左右间苗。在育苗期注意保持基质湿润，待幼苗长至 4～5 叶 1 心时移栽。

（3）整地作畦。在距离葡萄根部 50 厘米的位置开始按南北走向整地作畦。将泥土打碎，按每亩放腐熟有机肥 2 000 千克或生物有机肥 1 500 千克作为基肥，将基肥与泥土混匀。整平畦面，按畦面宽 120～140 厘米作畦，沟宽 30～40 厘米，畦高 25～30 厘米。

（4）移栽。在葡萄冬季修剪完成后、芥菜幼苗长至 4～5 片真叶时移栽，株行距为 25 厘米×30 厘米。

（5）肥水管理。定植后及时浇水，保持土壤湿度在 70%～80%。结合中耕薄施水肥，第一次施肥在移栽成活后，每亩施 5 千克尿素。进入包心期后追肥 2 次，每次施肥量为每亩施 10～15 千克三元复合肥（15－15－15）。

（6）病虫害防治。病虫害防治方法与榨菜相同。

（7）采收。在叶球坚实后进行采收。

三、广东叶用芥菜栽培技术

（一）广东主要芥菜种类

在广东地区主要以叶用芥菜为主，以叶片和肥厚的叶柄食用，鲜食和加工均可。叶用芥菜有 11 个变种，在广东地区栽培类型主要包括大叶芥、小叶芥、结球芥 3 个变种。主要种类有包心芥、水东芥、梅菜、竹芥、客家芥、吕田大芥菜、南风芥、凤尾春芥等。

包心芥属于结球芥类型（*Brassica juncea* var. *capitata* Hort），以脆嫩叶球和发达叶片为食用部位，生长适应性强，性喜冷凉、润湿的气候条件，比较耐寒，但不耐霜冻。在我国栽培历史悠久，广东、广西、福建等地栽培较多，以广东省栽培最多，广东种植面积在 10 多万亩。代表品种有澄海大坪铺包心芥、三菱婆大蕾芥菜、潮汕包心大肉芥菜、汕头哥历蕾包心芥等，适宜炒食、做汤和研制加工成咸菜，以潮汕咸菜最为著名，主要产地有揭阳的地都、新亨等乡镇，汕头的下蓬、鮀浦、莲上、湾头、外砂、坝头等乡镇和潮安县的庵埠镇以及潮州枫溪区的池湖等。潮州咸菜以金黄晶莹、酸甜酥脆、香醇爽口、风味独特等特点闻名，含有丰富的纤维素、矿物质、乳酸、各种氨基酸等成分。潮州咸菜放置于密封的陶罐内，存放几年也不会变质，颜色、味道如初。在潮汕地区素有"饭中鱼肉不如一口咸菜"的说法，为潮汕人饮食文化的重要组成部分，广受海内外潮汕人的青睐。

水东芥属于结球芥类型，早中熟，生长强壮，株型矮壮。由广东茂名从辽宁引进，经当地提纯选育而成，是以产地赋名的具有明显地方特色的优质蔬菜新品种，是中国国家地理标志产品，主要产区包括茂名市电白县水东镇及林头、观珠、旦场、麻岗、电城、马踏等周边 9 个乡镇。水东芥呈现小卷心、茎多叶少、叶色翠绿、叶柄青里透黄的美观外形。茂名市电白县属于亚热带季风气候，日照和雨量充足，昼夜温差大，温度适宜，土壤多为黄沙土地且呈弱酸性。因特殊的品种和地理气候条件，造就水东芥的粗纤维含量少、爽脆可口、质嫩无渣、鲜甜味美的特点，富含矿物质与维生素 C，每 100 克蔬菜中含维生素 C 52.6 毫克，钾、钙含量分别为 190 毫克/千克和 1 200 毫克/千克，具有保健功效。近年来，水东芥种植面积达 10 万亩，规模化基地种植的面积和产量均占总量的 70％以上，年总产值 9 亿多元，重点市场为广东茂名、珠三角以及港澳地区。

梅菜属于结球芥，主要分布在广东惠州等地，有近 400 年的种植历史，主要种植品种有黑叶仔、白茎仔鲜梅菜、大三联鲜梅菜等，主要种植于横沥镇、矮陂镇、梁化镇、增光镇、龙溪镇等地，种植面积近 6 万亩，年产量 10 万多吨。梅菜与芥菜外形相似，不同点在于梅菜茎略圆，中间凹陷。鲜梅菜经腌制后再脱盐等工艺制成梅菜，惠州梅菜是中国国家地理标志产品，具有色泽金黄、香气扑鼻、清甜爽口、不寒、不燥、不湿、不热等特点，惠州梅菜营养成分丰富，特别是钾、钙、镁以及 17 种氨基酸的含量高，有增强消化、清热解暑、消滞健胃、降脂降压的功效。梅菜历史悠久，是岭南三大名菜之一，为岭南著名传统特产。美国 FDA（食品与药物管理局）于 1996 年认定梅菜为"天然、健康蔬菜食品"。

竹芥和客家芥属于小叶芥（*Brassica juncea* var. *foliosa* Baily），该类型芥菜为早熟类型，耐热，生长迅速。与竹芥相比较，客家芥叶片稍大、皱纹稍明显，稍多涩味。两者都为高温多雨春夏季节的主要绿叶蔬菜，都以幼嫩植株（主要是叶片）食用。

吕田大芥菜属于大叶芥类型，生长在广州市从化区吕田区域，适合在北部的丘陵山区种植。因其特殊的土质和昼夜温差大的气候环境，使其叶大梗粗、颜色青绿、味甘微甜、鲜嫩可口，富含多种维生素、矿物质、膳食纤维等成分，具有清热明目的功效，是广州市从化区"一村一品"特色蔬菜，种植规模大、经济效益好，享誉粤、港、澳地区，是当地的特色产业蔬菜品种。

南风芥是广州地方品种，属于结球芥类型，经矮化选育后，一般在芥菜生长到人手掌大小时就采收，称之为"芥菜胆"。叶长卵形，浅绿色，叶缘浅锯齿状，叶柄扁窄，深绿色，株高 25～30 厘米，开展度 30 厘米，单株重约 100 克。早熟、耐热、耐风雨。产品纤维少，质脆嫩，味微苦，品质好。目前种植面积较少。

凤尾春芥是潮汕农家品种，植株直立、较高，叶椭圆形，叶面稍皱，全缘，浅绿色，叶柄细窄而长。极早熟，从播种至收获30天，耐高温多湿、稍耐寒，抗病，适应性广，全年可种植，亩产约1 500千克。味道清甜、纤维少、适合炒食及做汤用。

（二）广东芥菜加工现状

在广东地区，主要有两类芥菜用做加工，分别是包心芥和梅菜，加工成潮汕咸菜和惠州梅菜这两种特色食品。潮汕咸菜因腌制方法不同，有咸菜和酸咸菜两种风味。潮汕咸菜制作历史悠久，清·嘉庆的《澄海县志》有载："芥菜，也名大菜，本县秋收后田野种植甚多，收获后用盐渍味道甚美。"由此可见，澄海人腌制酸咸菜历史悠久。潮州咸菜工艺流程概括为芥菜修整、洗净、晒软、盐腌渍四步。大菜收割后，一般都将老叶去掉，大棵的切成两半，小的用整棵，经日晒蒸发水分，使其软化。每一层菜上均匀撒上盐，食盐的用量一般是6%～8%，起到脱水、防腐、促进风味形成的作用。将菜体逐步层层压实密封。可采用分次加盐的方法便于咸菜成熟，第一次先加入总盐量的70%，有助于乳酸菌大量增殖，腌渍5～7天后进行翻缸；第二次撒盐，洒在每一层菜体表面，压实密封。腌渍一个月左右即可食用。潮汕酸咸菜的腌制与潮汕咸菜的不同之处，除用盐量少之外，还有酸咸菜腌制前，大芥菜是不用先晒太阳的，并且腌制酸咸菜是连芥菜叶的，不用把叶去掉。

梅菜传统加工采用干腌渍法分2次腌制，要注意防止霉变，卤水要淹没过梅菜，浸透腌匀。按照鲜梅菜质量的12%～14%计算用盐量，盐采用颗粒较大的固体食用盐。第一次腌渍用盐量占盐总量的80%，将已处理软身的梅菜按照一层鲜梅菜一层盐的顺序，按头尾方向整齐排列分层放入池中，最后一层表面再撒一层盐，重物压实，避免最后一层超过池面。第一次腌制2～3天后，将梅菜上层与下层位置互换翻腌，分层加盐，再腌制3天。第二次用盐量占盐总量的20%。腌制后采用晒干或烘干处理，每隔3～4小时翻转1次，早晒晚收堆放在一起，反复多次，连续晒 3～4 天，使梅菜脱水均匀。梅菜脱水适中，约晒至七成干，味带梅菜芳香，颜色青黄，完成初加工粗品。初加工粗品在室内温度 25℃ 以下仓库存储。存储时，地面用山草和可用于食品包装的塑料薄膜垫底，将初加工粗品排列整齐，成堆堆放，四周及表面用塑料薄膜（用于食品包装）的密封。精选初加工粗品，根据加工品的原料部位不同，分拣成梅菜棵、梅菜心等，再利用阳光晒 1 小时，进行杀菌消毒处理后包装，成为惠州梅菜成品产品。

不管是咸菜还是梅菜加工都存在一定的问题，传统制法不仅生产周期长、产量低，而且无法实现加工工艺的标准化。并且，由于腌制加工过程中的卫生条件等因素，导致加工产品无法达到较长的货架期，同时导致亚硝酸盐含量较高，因此无法满足目前消费者对食品安全的要求。目前降低亚硝酸盐含量，主要是通过亚硝酸盐清除剂、人工接菌发酵等。常用亚硝酸盐清除剂主要有抗坏血酸、茶多酚、柠檬酸等。人工接菌发酵主要是通过乳酸菌发挥作用，乳酸菌可以降解亚硝酸盐，另外乳酸菌进行发酵还可以改善色泽和风味。

（三）广东芥菜栽培技术及产品品控

1. 芥菜对环境的要求 叶用芥菜属长日照作物，喜光照，性喜冷凉湿润环境，不耐炎热、干旱，不耐霜冻。不同品种耐寒性和耐高温性的能力有差异，竹芥、南风芥、客家芥相对而言耐热性较好。芥菜根为直根系、浅根性，根系不发达，根径范围小，吸收能力弱，喜湿润的土壤环境，忌涝、怕旱，耐肥能力差，宜选择壤土、沙壤土和轻黏土种植。芥菜需肥量较多，生长前期对氮肥需求量大。

2. 广东芥菜主要栽培制度与技术

（1）选地与整地。应选择耕层深厚、土壤肥力较高、地势平坦、排灌方便、保水保肥的壤土、沙壤土为佳，pH 以 6.5～7.5 为宜，忌与十字花科作物连作，以经过水旱轮作田块为宜。在前茬作物收获后，结合深翻整地施腐熟农家肥每亩1 000~1 500千克、复合肥15~20千克。按照畦宽1.2~1.5米（包沟）、畦高20~30厘米开沟作畦，畦面土壤细碎平整，田块面积大的要注意做好围沟和腰沟，宽度和深度要大于畦沟，做到沟沟相连，便于排灌畅通。

（2）播种育苗。包心芥、吕田大芥菜等不耐热、迟熟的种类，一般在秋冬季种植，播种期为8~10月，采用育苗移植方法，每亩用种量在15~30克。播种后采用遮阳网覆盖，苗期25~30天。而生长期短、以幼小植株供食用的种类如南风芥、竹芥，耐热性较强，生长期短，可春夏或全年种植，采用直播方法，每亩用种量在300克左右。当幼苗第1~2片真叶展开时进行第一次间苗，第3~4片真叶展开时进行第2次间苗。

（3）定植。苗龄20~30天，一般植株长至5~6片真叶时进行移栽，株距35~40厘米，行距40~45厘米，双行植，迟熟的品种要适当疏种。移栽时要尽量多带土，避免伤根。定植后要浇足定根水，及时查苗补苗。

（4）大田管理。

①肥水管理。定植后土壤要保持湿润，阴天每天淋水1次，晴天早晚各1次，雨水过多要及时排除渍水。对于作为加工的包心芥、梅菜，采收前15~20天要控制水分供给，提高后期加工产品质量。追肥宜遵循勤施、薄施、少量多次的原则，追肥以氮肥为主。耐热、早熟品种如南风芥要用速效氮肥，促进植株快速生长，每亩施尿素20~25千克，分3~4次使用。迟熟品种追肥一般3~5次，在植株生长前期用尿素、三元复合肥分次施用。第一次在缓苗后，定植后5~7天，每亩施三元复合肥5~10千克，以后相隔7天左右追肥一次，每亩用三元复合肥10~15千克。在封行前结合生长情况，适当施加重肥，每亩施三元复合肥25~30千克。结合每次追肥，清除田间杂草，中耕疏松表土。包心芥除施氮肥外，后期还要

施用适量的磷、钾肥。

②病虫害防治。广东种植叶用芥菜常见病害主要有根肿病、霜霉病、病毒病、炭疽病和软腐病，常见虫害主要有黄曲条跳甲、小菜蛾、菜青虫、蚜虫等。按照"预防为主，综合防治"的方针，坚持"农业防治、物理防治、生物防治为主，化学防治为辅"的治疗方案，提高病虫害的防治效果。

农业防治主要是实行轮作，特别是水旱轮作，广东冬种芥菜可安排在晚稻收获后移栽。选用抗逆、抗病虫害的品种。抓好苗期管理，培育壮苗。及时清除杂草，减少病虫源。物理防治主要包括悬挂黄板诱杀蚜虫，采用黑光灯诱杀蛾类，采用频振式杀虫灯诱杀害虫，可在幼苗期覆盖 40 目尼龙网防虫网防治黄曲条跳甲危害。生物防治主要是通过保护利用天敌以及性诱剂诱杀害虫。化学防治可用 75％百菌清 1 000～1 500 倍液、53％甲霜灵 800～1 000 倍液、50％烯酰吗啉 1 500～2 000 倍液、80％代森锰锌 800～1 000 倍液、72％链霉素 3 000～3 500 倍液、20％病毒 A 400～600 倍液可湿性粉剂等防治霜霉病、炭疽病、病毒病等。利用 10％吡虫啉 1 500～2 000 倍液、50％辛硫磷乳油 1 000 倍液防治蚜虫、小菜蛾、黄曲条跳甲。根据施药不同，做好农药施用后安全采收间隔期，保证蔬菜产品安全。

(5) 适时采收。根据不同的芥菜品种，要及时采收。水东芥春夏季播种 35～40 天采收，秋冬季播种 40～45 天左右采收。植株开始包心，叶片向心微弯半抱合，叶柄向内弯曲，为最佳采收期。惠州梅菜一般从移栽到采收时间为 65～95 天，以叶色开始变淡、菜薹 6～10 厘米、菜薹与叶高齐平、花蕾布满而未开时最适宜。包心芥采收根据成熟情况和天气情况而定，一般早熟品种播种至采收为 65～85 天，晚熟品种为 100～120 天。在叶球充分长大而不出现爆裂时，选择晴天采收。吕田大芥菜一般从播种到采收为 80～90 天，延迟采收可至 120 天。竹芥、客家芥、南风芥等早熟品种，可分多次采收上市，一般为 20～60 天。

四、江苏省南通市叶用芥菜栽培技术

江苏省南通市叶用芥菜年种植面积 3.8 万亩，主要品种有金丝雪菜，南通各县区都有种植，其中启海地区种植面积较大，腌制成咸菜，可长期保存，在蔬菜供应淡季食用，是当地家常菜，在民间流传一句名言："三天不吃腌菜汤，脚股郎里酥汪汪。"雪里蕻是南通地区传统的腌制蔬菜，每年种植面积 2.6 万亩。经腌制后食用，常以烧汤为主。配以肉丝、笋丝、蛋丝、口蘑丝等佐料，再浇少许麻油，色泽鲜艳、清香扑鼻、滋味鲜美、醒酒解腻，是很受欢迎的汤菜之一。也可作炒精片（瘦肉片）、炒鱿鱼的配料，别有风味，还是价廉物美的酱菜。金丝雪菜也是南通地区喜食的腌制蔬菜，四季都有种植，以秋季种植为主，年种植面积 1.2 万亩，腌制与食用类同雪里蕻。南通地区叶用芥菜专业合作社、龙头企业组织农户腌制加工成咸菜，销往南通市及周边大中城市，深受消费者青睐。叶用芥菜产业成为悦来镇、正余镇等镇的特色优势产业，促进了农业增效、农民增收、农村发展。

（一）品种类型与主要新品种

1. 雪里蕻 启海地区农家品种，属叶用芥菜变种中的花叶芥菜型，主根弱须根入土深达 18～36 厘米，茎为短缩茎，茎粗 1.0～2.2 厘米，叶片生长在短缩茎上，叶色黄绿色，叶片数 30～40 片，叶长 15～20 厘米。

2. 金丝雪菜 属十字花科，是芥菜的变种。叶片较小，叶绿，有锯齿或深缺裂，叶柄细而长，叶色黄绿色，可以分生数十条侧枝。金丝雪菜要求冷凉湿润的气候条件，生长适温 15～20℃，不耐霜冻、炎热和干旱。

（二）标准化栽培技术

1. 雪里蕻主要栽培技术

（1）播种育苗。选择土壤疏松肥沃、排水良好、近 3 年未种植过十字花科作物的土壤作苗床。每亩施用 45％复合肥 30 千克、人畜粪 1 000 千克作基肥。土地平整后，8 月中旬播种，每亩用种量 400 克，盖草或遮阳网保持湿润。当种子发芽达到80％时揭去遮盖物，苗长到 1～2 片真叶后开始间苗，到苗长到3～4 叶时进行第二次间苗。及时拔除杂草，苗期施追肥两次，第一次苗长到 4 叶期结合灌水每亩施尿素 3 千克；第二次在移栽前一周，结合灌水每亩施尿素 4 千克。

（2）田间管理。雪里蕻以保水保肥湿润的壤土为佳。耕翻时每亩施入腐熟有机肥 1 000 千克、45％复合肥 40 千克，作成畦宽 1.5 米，沟宽 30 厘米，沟深 30 厘米，畦面平整、泥细，无杂草。在苗高 15 厘米左右、具有 5～6 片真叶时看天气移栽，要求行距 35 厘米，株距 30～35 厘米，亩植 4 000～5 000 株。栽后5～7 天追施一次，以后结合中耕看苗施肥。在采收前 20 天停止浇水追肥，以提高品质。雪里蕻的病虫害主要是以病毒病、蚜虫、黄曲条跳甲为主，分别用 20％病毒 A 800 倍液、10％的吡虫啉 1 500 倍液、10％虫螨腈 1 500 倍液喷雾防治。

（3）采收。一般于 11 月 20 日前后，选择晴天露水干后采收，常年产量 4 000 千克/亩左右。

2. 金丝雪菜主要栽培技术

（1）培育壮苗。选择土质疏松肥沃、排灌条件良好、交通便利的田块作苗床。苗床翻耕后土壤要充分暴晒，施入腐熟人畜粪尿、磷肥作基肥，整好苗床，要求畦平、泥细、沟深畅。用50％辛硫磷 1 000 倍液做土壤处理，以消灭地下害虫。苗床筑成宽 1.3 米，畦沟宽 0.2 米，四面开围沟，确保排水畅通。每亩大田准备苗床 100 平方米。秋季于 8 月 10～20 日播种，亩用种量400 克，播前浇足底水，播后覆土约 0.5 厘米。播种覆土后，用丁草胺 500～800 倍液喷雾防杂草。应覆草保湿，出苗后力争苗齐、苗匀、苗壮。

（2）整地移栽。选土壤疏松肥沃、排灌良好的田块种植，耕翻时亩施入 45％三元复合肥（15-15-15）40 千克、尿素 30 千克作基肥，筑成畦宽 1.5 米，沟宽 30 厘米，沟深 30 厘米，畦面平整、泥细、无杂草。在苗高 15 厘米左右、具有 5～6 片真叶时看天气移栽，要求行距 35 厘米，株距 30 厘米。带土移栽，减少伤苗，定植时不使根扭曲、悬空；栽后及时浇水，以利于成活。

（3）田间管理。定植后，防旱防涝，少雨时防止干旱，多雨时做好排水工作。生长期结合中耕看苗追施 45% 三元复合肥 3～4 次，在采收前 20 天停止浇水追肥，以提高品质。金丝雪菜定植成活后，在大田禾本科杂草长到 2 叶 1 心前喷施稳杀得防草害。病虫害主要是以病毒病、蚜虫为重点，以防为主，以治为辅。气温高时，每周用吡虫啉防治 1 次。黄曲条跳甲幼虫危害根部，用辛硫磷灌根防治。菜青虫等用 Bt 等药剂防治。采收前 20 天停止用药。

（4）采收。在 11 月 20 日前后采收，选择晴天露水干后采收，主茎高 5～10 厘米，单株鲜重 0.75～4 千克，亩产量 4 000 千克左右。

（三）套种（养）高效模式

1. 林下（果园、桑园）套种叶用芥菜 雪里蕻、金丝雪菜等叶用芥菜植株低矮，可套种在果树、桑树行间，种植密度因树龄而定，8 月中旬播种，在苗高 15 厘米左右、具有 5～6 片真叶套种在林木行间，行株距 35 厘米×30 厘米，11 月下旬收获。

2. 贝母套种叶用芥菜 采取 140 厘米组合，即畦面宽 115 厘米，畦沟宽 25 厘米。9 月上旬在 115 厘米畦面上播种 4 行贝母，行株距分别为 20 厘米和 4 厘米，两个边行距畦沟各 27.5 厘米，9 月中旬在贝母行间种植 3 行雪菜，2 行种在畦沟边上，1 行种在畦田中心，11 月下旬采收。

（四）简易加工技术

叶用芥菜加工腌制方法有 3 种：

1. 青腌菜 取生长日龄 30～40 天的幼嫩雪里蕻或金丝雪菜，加 1%～2% 的盐，整棵揉擦，杀青放置，翌日即可食用，以烧毛豆籽最佳。这种方法维生素破坏少，色泽碧绿，清香诱人，味道佳美。

2. 黄腌菜 加3％～5％的盐，层层踏实，加压发酵腌制，转色后即可食用。

3. 制瓶儿菜 将雪里蕻洗净余水，切碎，再晾到七成干，加8％～10％的盐拌和后，装坛层层压实封口储藏发酵。这种方法保存期稍长，并可长途运输，延长供应。

五、浙江省杭州市萧山区叶用芥菜栽培技术

芥菜是浙江省杭州市萧山区种植的主要蔬菜种类之一。菜农以露地栽培为主，全区种植和加工叶用芥菜的面积在1 667公顷左右，约占全区蔬菜种植面积的6％，总产量近10万吨，总产值5 000万元以上。

萧山叶用芥菜地方特色品种主要是大叶芥，是萧山农家品种，栽培历史悠久，为冬春季主要叶菜之一。该品种株高30厘米左右，叶长25～30厘米，叶宽约11厘米，叶为板叶型；叶形长椭圆，株型为半直立，全缘；叶片中央鲜绿色，边缘绿色；叶肉厚，叶柄绿色，中脉黄绿色，叶色黄绿，叶面平滑，叶顶端为圆形，叶缘齿状为全缘状。叶缘波纹为无；采收期无分枝；花序状为直立型，花序颜色为黄色；呈菜荚状；种子褐红色有光泽，极小，子粒千粒重在1.2克左右。本品种抗逆性强，适宜在冬春季生长，日平均温度在20℃以上时，就要长茎抽薹开花。芥辣味浓，质地松软，干物质、维生素C、粗纤维含量较高。9月15日左右开始播种育苗，10月5～10日开始移栽（也可条播删苗定苗不移栽）。大田亩用种量100克，大田密度为6 000～7 000株/亩。该品种生长势旺，一般播后50～55天可分批采收。11月10日起开始批叶收获，直至批叶到翌年4月10日左右，采收期长达145～150天，亩产在2 250千克左右。其鲜菜腌制成霉干菜和笋干菜。冬季采收的大叶芥腌制成霉干菜后远销上海、

北京、广州等大中城市。腌制成咸菜后可成为冬天居民餐桌上的一道美味小菜。以霉干菜加鲜竹笋加工成笋干菜可全年供食,可烧肉、可做汤、可蒸鱼,是缓冲市场供需矛盾的应急蔬菜。

(一)品种类型与主要新品种

农家地方品种有细叶芥和大叶芥。其中,细叶芥分枝茂盛,叶片缺裂深达中脉,裂片小而细碎,近线状。叶长30~40厘米,植株高度45~50厘米,有35~40片叶。大叶芥植株较大,叶片宽大,叶柄扁平或近圆形,叶缘很少缺裂,叶绿色、有血丝状条纹或紫色条纹。

近几年通过引种品比试验发现,嘉雪四月蕻、甬雪3号等新品种综合表现较好,也适合在本地区推广种植。

嘉雪四月蕻是浙江省嘉兴市农业科学研究院选育的雪里蕻新品种,具有田间长势强、产量高、加工品质好等优良特性,2008年1月通过浙江省非主要农作物品种认定委员会认定。嘉雪四月蕻迟熟,春雪菜从播种到采收190天左右,冬雪菜从播种到采收100天左右。板叶型,株高46厘米,开展度73厘米×70厘米,株型直立半展开。分蘖性强,成株有分蘖30个左右。叶绿色、倒卵圆形,长60厘米、宽12厘米左右,叶面较光滑,无蜡粉和刺毛,叶柄浅绿色,背面有棱角,柄长10厘米、宽1.5厘米、厚0.6厘米左右,横断面呈扁圆形,单株有叶片300张左右。春雪菜单株产量1.45千克左右,冬雪菜单株产量1.2千克左右。春雪菜每亩产量一般在5 500千克以上,冬雪菜每亩产量在5 000千克以上。在浙北及毗邻地区,春雪菜适宜播期为9月中下旬至10月上旬,苗床每亩播种量为350~400克,秧本比为1∶(7~8)。该品种丰产性好、抗逆性强、梗叶比高。雪里蕻粗纤维含量适中,腌渍后叶色鲜绿、口感鲜嫩,腌渍雪里蕻卤汁和菜体中氨基酸含量高、品质佳。

甬雪3号是宁波市农业科学研究院蔬菜研究所育成的蔬菜品

种，2012年12月通过浙江省非主要农作物品种审定委员会审定。播种至采收约105天。株型半直立，生长势强，株高50.5厘米，开展度97.6厘米；叶浅绿色，倒披针形，复锯齿，全裂，叶面微皱，有光泽，无蜡粉，刺毛少；最大叶叶长60.8厘米、宽14.4厘米，叶柄长25.2厘米、宽1.3厘米、厚0.8厘米；平均有效蘖数25个，最大蘖长60.1厘米，最大蘖粗2.4厘米，单株质量1.5千克。抗病毒病，耐抽薹性中等，加工品质优良。一般每亩产量6 000千克。适合长江流域秋冬季栽培。8月中旬播种，以株距30厘米、行距35厘米为宜。需肥水量大，施足底肥，一般每亩用过磷酸钙40千克、碳酸氢铵40千克和高浓度三元复合肥40千克或商品有机肥1 000～1 500千克、高浓度三元复合肥30～40千克作底肥。适期追施氮肥。保持田间湿润，少雨时防干旱，多雨时防积水，做好"三沟配套"。及时防治蚜虫、菜青虫、小猿叶虫、蜗牛、病毒病、霜霉病、软腐病等病虫害。一般于小雪节气前后采收。

（二）叶用芥菜标准化栽培技术

1. 地块选择 叶用芥菜应选择地势高燥、平坦、土层深厚、肥沃疏松并且杂草少的地块栽培。萧山区南部以楼塔地区种植为主，东部以围垦地区种植为主，土壤为沙壤土，有利于叶用芥菜生长，为高产高效创造有利条件。

2. 播种育苗 细叶芥于8月底至9月初育苗，大叶芥于9月上中旬播种育苗。播前10天左右，结合整地每亩施有机肥1 500千克加高浓度复合肥40千克深耕。

3. 作畦施基肥 每亩施商品有机肥2 000千克加高浓度三元复合肥50千克深耕，深翻整平后作成宽1.5米左右的平畦，中间略高，不容易积水。

4. 移栽 在秧苗具有5～6片真叶、苗龄30～35天时移栽。种植密度：单纯种芥菜每畦种4行，株距25厘米，每亩种植5 000株。套种芥菜沟边2行麦，中间种2行芥菜，株距25厘米，每亩种植 2 500 株。

5. 适当追肥

（1）细叶芥。第一次追肥是在移栽后第二天，施缓苗肥，每亩施碳酸氢铵、磷肥各 7.5 千克加水 650 千克泼浇。第二次追肥是当芥菜有 10～12 片叶时，每亩撒施硫酸钾复合肥 15 千克或尿素 6 千克。第三次追肥是在芥菜出现分枝时，每亩施复合肥 7.5 千克。第四次追肥是在芥菜第四节分枝叶出现时，每亩用碳酸氢铵、磷肥各 7.5 千克加水 750 千克泼浇。

（2）大叶芥。移栽后施好缓苗肥，每亩施用碳酸氢铵、磷肥各 7.5 千克加水 650 千克泼浇。剥叶 1 次就施 1 次肥，10～15 天剥叶 1 次，前两次每亩施碳酸氢铵、磷肥各 7.5 千克加水 750 千克泼浇；以后每次施尿素 10 千克或复合肥 12 千克，交替施用，浓度由小到大。采收前 30 天停止施肥。

6. 防病治虫 要与非十字花科作物轮作，及时清除田内杂草、病叶，并集中深埋处理，加强培育管理。因地制宜地开展化学防治，采用高效、低毒、低残留的农药，采收前 15 天禁止使用化学农药。蚜虫每亩可用 10％吡虫啉 30 克加水 40 千克细喷雾防治。

7. 适时采收

（1）细叶芥。于翌年 3 月下旬，分枝叶与主枝叶平出时，即初薹期采收。

（2）大叶芥。以剥叶为主，在 5～6 片叶充分长大且叶边缘发黄时，每次采收 2～3 片，15 天左右剥叶 1 次。翌年 3 月下旬至 4 月初初薹期整株收获。

（三）套种（养）高效栽培模式

1. 油菜-草莓-芥菜套作模式 油菜移栽田按 1.6 米宽整畦，畦两边各留 20 厘米栽 1～2 行草莓，畦中栽 4 行油菜。油菜行间套种宽叶型芥菜，芥菜播种 40 天后可陆续上市，草莓可在翌年 4 月下旬上市。一菜一果可使每亩油菜田增收 1 500～2 000 元。

2. 籽用栝楼-姜-芥菜套种模式 籽用栝楼于清明前后浸种、催芽，80％种子露白时即可播种，当幼苗3～4片真叶、蔓长15～20厘米时移栽育大苗，行距1.0米，株距0.3米，并搭简易棚架。3月初，在籽用栝楼两侧套种生姜，一般每亩种植生姜2 000～3 000块、种姜用量80～120千克。芥菜10月初育苗，11月中下旬移栽，每亩密度5 000～6 500株。折合每亩产量：栝楼籽137.5千克、姜675千克、芥菜2 540千克，平均每亩年产值7 250元，比纯籽用栝楼栽培产值3 240元增值4 010元，增效2 800元。

3. 茭白-芥菜轮作模式 每亩可收茭白2 400千克，产值约5 760元；芥菜每亩产量约4 000千克，产值约4 000元。全年每亩产值约9 760元。4月上旬至7月中旬茭白定植大田，9月上旬至10月中旬采收。9月中旬育苗田芥菜育苗，10月中下旬移栽至茭白田，翌年3月中旬开始收获。

4. 芥菜-大豆-水稻一年三熟套作模式 芥菜选用黄叶细叶芥品种，9月下旬播种育苗，秧本比为1：5；11月上中旬移栽大田，每亩栽4 500株左右；翌年3月底收割，全育期180天左右。芥菜每亩产量4 500千克、产值3 500元、净利2 000元，大豆每亩产量650千克、产值2 100元、净利900元，水稻每亩产量550千克、产值1 800元、净利950元，全年3季合计每亩总产值7 400元，扣除总成本3 550元，净利3 850元。

第四章　根用芥菜

第一节　概　　述

根用芥菜俗名大头菜，大头菜为十字花科芸薹属芥菜种（学名 *Brassica Juncea* var. *napiformis* Pall cl Bals）以肉质根为产品的根用芥菜植物变种，有强烈的芥辣味并稍带苦味，又名大头芥、辣疙瘩等。根用芥菜是由起源于小亚细亚和伊朗的黑芥与地中海沿岸起源的芸薹杂交形成的异源四倍体在中国演化而来。根用芥菜在全国多有栽培，大头菜一名多用于南方地区，而芥菜疙瘩则多用于北方地区。南北皆有栽培，而以四川、云南、广东、浙江、山东、辽宁、江苏等省最著名，经过当地土壤、气候长期驯化形成各具特色的地方品种，鲜有相互引种案例。例如，四川成都的荷包菜、二马桩，四川安岳县蜀丰大头菜，浙江南荨香大头菜，著名的地方品种有湖北襄樊大头菜、四川内江大头菜、江苏淮安龙须大头菜以及浙江的海盐大头菜、五香大头菜和慈溪大头菜等。大头菜营养丰富，叶根均可食用。据资料介绍，含蛋白质 1.4%、碳水化合物 6.3%、脂肪 0.1%，还含有脂肪酸、芥子酸、花生酸、甘油酯以及少量亚油酸、黏液胶质，含膳食纤维 0.9%、灰分 0.8%。大头菜含丰富的矿物质，每百克大头菜含钙 41 毫克、磷 31 毫克、铁 0.5 毫克，还含有硫（萝卜硫苷）、镁、铜、钾等；此外，含有丰富的维生素：每百克大头菜含维生

素 B_1 0.07 毫克、维生素 B_2 0.04 毫克、维生素 PP 0.3 毫克、维生素 C 44 毫克、胡萝卜素 0.01 毫克以及维生素 B_{11}、维生素 A 等。植物中含有硫的配糖体,特别是在结实期及种子中含较多芥子糖,易受芥子酶的作用而产生有挥发性的芥子油等散发出特殊香辣味。中医营养学来讲,大头菜性温、味甘辛,属温阳食品,具有御风湿、补元阳、利肺豁广和中通窍之功能,还具有防胃癌作用(萝卜硫苷)。大头菜还适于更年期、高血压、骨质疏松、缺铜性贫血、上消化道出血等人群食用。腌制 30 天左右的新鲜菜卤,适合肺痛、喉症等辅助食疗作用。但大头菜是发气食物,支气管炎、肚胀等发生者忌食大头菜。

一、生物学习性

大头菜肉质根是由胚轴和胚根发育而来,上胚轴发育成根头,即短缩茎,下胚轴发育成根茎,即肉质的主要部分,胚根发育成根部,侧根着生于上面。在肉质根的形成过程中,韧皮部和木质部之间的形成层细胞不断分裂形成次生的韧皮部和次生木质部。其中,分裂的次生木质部细胞数目远大于次生韧皮部,而且膨大也快。所以,这类蔬菜的食用部分主要为次生木质部。在生长正常的情况下,地上部生长状况与肉质根的形成有显著的正相关关系,地上部生长旺盛,根就发育良好。但在地上部徒长的情况下,根的膨大受影响,二者相关关系不明显。大头菜属于种子春化型,在一定低温下,从萌动的种子、幼苗期、产品器官形成期,甚至储藏期都会接受低温进行花芽分化,一般在生长季节的中后期达到一定叶数后花芽分化对肉质根的形成并没有多大影响。但是,花芽分化早、花芽分化后再遇到长日照,引起植株抽薹开花,会严重影响肉质根的形成和膨大。大头菜属根菜类植物,当种子萌发后及营养生长初期,其幼苗的胚轴和直根均未膨大,生有许多侧根以吸收土中的营养。直根开始膨大后,叶片制造的养分就逐渐储藏到根部而形成膨大的肉质根。种子播种后 2~

3天就出苗，先产生2片子叶，随后产生许多真叶，在营养生长期叶片皆为丛生，叶为单叶，有板叶和花叶两种，叶丛伸展为斜直立型，叶直立者适于密植，叶片的生长与块根膨大同步进行。

大头菜的肉质直根在外形上分为3个部分。

1. 根头部　根头部为短缩的茎部，由幼苗的上胚轴发育而成，上生芽和叶。肉质根膨大后，此部还能明显地看到早期叶子着生的痕迹。

2. 根茎部　也称"轴部"，主要由幼苗的下胚轴发育而成。此部没有叶，一般也无侧根。

3. 根部（真根）　由幼苗的初生根膨大而成。上生侧根，侧根皆为两列，侧根生长与子叶开展的方向一致。因此，间苗时所留幼苗的子叶开展的方向，最好与行垂直，以便植株的根部得到更好的发展。当种性退化时，侧根不是两列，而是丛生、变粗，伸入肉质根内呈纤维束，品质变差。生产上大头菜用种子繁殖，先育苗后移栽，直播大头菜肉质根伸长，大部分露出地面，肉质根中心木质化，品质差，直播大头菜只适宜小菜食叶。

二、需要的环境条件

1. 土壤　要求富含有机质、排水良好、土层深厚、夜潮性沙壤土为最好，便于块根膨大。在缺乏腐殖质的土壤中，应施入有机肥料，土壤pH以6.5～7.5为最合适。

2. 温度　大头菜属于半耐寒性植物，叶片生长期适宜温度为20～25℃，容易形成繁茂的叶丛，肉质根膨大的适宜昼夜温度一般在13～23℃/8～18℃，肉质根膨大的最低温度为6℃，在此温度下肉质膨大很缓慢，甚至停止。同时，昼夜温差也会影响到肉质根的重量，以18/13℃条件下肉质根长得最好，根冠比较大。前期温度高，出苗快，有利于光合产物的积储、肉质根的膨大。据试验，地温高时不仅降低肉质根的重量，而且还容易出现糠心病。适当降低地温不但可增加肉质根重量，而且能明显抑制空心根的出现。播种后1～30天较高地温对空心病影响最大，特别是播种后15～30天的高地温，严重限制了根中次生分生组织的形成，导致了中空根的出现。当温度逐渐降低到6℃以下时，植株生长微弱，肉质根膨大已渐停止。当温度低于－2℃时，肉质根就要受到冻害而引起腐烂。所以，要培土保护好肉质根，防止低温时受冻。反之，在高温条件下，难以生成肥大的肉质根，并且容易发生病毒病、空心病。因此，春夏季播种只能当盐渍叶菜类食用，以肉质根为主播期不能太早，应适期播种。

3. 水分 大头菜叶大、根系浅，故不耐旱。土壤与气候都不能过于干燥，否则大头菜的肉质根小而粗硬，品质变差，叶面发白、发黄，引起"烧叶"。肉质根发育适宜的土壤含水量为65％～80％，在此范围内根重、根形指数较大，根/冠比较大。土壤水分过多时，氧气减少，抑制了根系正常发育，根表皮粗糙，侧根基部突起。土壤水分降低至土壤最大持水量的35％～40％时，肉质根细小，根/冠比减小，还易产生辣味和苦味。从播种到出苗期和叶簇与肉质根旺盛发育期，是吸收水分的重要时期，干旱加高温在蚜虫危害情况下是诱发病毒病的主因。

4. 光照条件 在肉质根的形成过程中，充足的光照有利于光合作用的进行，使肉质根膨大时能够得到较多的碳水化合物。同时，日照长度对肉质根的形成也有影响，适于肉质根形成的日照长度为12.5小时，较短的日照时数有利于肉质根的形成，日照长度达到16小时后则不利于肉质根的形成。光照充足则植株健壮，光合作用强是肉质根膨大的必要条件。如果在光照不足的地方栽培或种植密度过大、杂草过多、植株得不到充足的光照，产量就降低，品质也差。

5. 矿物营养 在肉质根的形成过程中需要大量的矿质元素，倘若缺乏就会影响肉质根的产量和质量。特别是缺氮、钾的影响最大，磷、钙次之，缺镁影响较小。从大头菜整个生育期对氮、磷、钾的吸收看，叶片中的含氮量比根部高，而根部的磷、钾量，特别是钾的含量又明显高于叶片。在肉质根膨大期施钾量与大头菜产量呈正比，施氮肥主要扩大了叶面积，提高了叶面积指数，增加光合产物的制造量，进而可以提高大头菜的产量。微量元素硼对肉质根的形成也有很大影响，有利于肉质根形成的硼的浓度为 1.0～3.0 毫克/升，在此浓度条件下，大头菜的地上部和地下部都重，而且根/冠比较大。如果硼的浓度大于 4 毫克/升，大头菜地上部和地下部的重量逐渐降低，并且随着硼浓度的增加对地上部的限制作用要大于肉质根。土壤状况与肉质根发育也有极大关系，由于肉质根生长并膨大于土壤内，因此良好的土壤结构是获得优质高产的保证。一般情况下，耕层较深、保水、排水和通气良好的沙壤或轻壤土较适宜，土壤空隙度 20%～30% 为最好。如果空隙度减小，产量会相应降低。空隙度小、容重大、耕层浅的土壤不但使产量降低，而且由于主根的生长受阻，易形成分权的畸形根。过于沙性的土壤也不好，虽然生长快，外观好，但质地粗，味淡，而且耐寒性、耐热性、耐储性都差。此外，大头菜需要轮作，与其他适宜的作物轮作，如蚕豆、大麦、小麦等，避免与十字花科蔬菜连作，可减轻土壤病害，同时还要增施有机肥，平衡土壤营养元素的吸收。

6. 土壤 pH 土壤 pH 会影响肉质根的形成，一般适于大头菜肉质根膨大的 pH 为 6.5～7.5，超此范围均会对肉质根的产量和品质产生不利的影响。

第二节 四川根用芥菜栽培技术

一、四川大头菜生产概况

大头菜是根用芥菜在四川的俗称。大头菜在四川广泛分布，2018 年栽培面积约 7.7 万亩，以内江、成都、自贡面积最大。大头菜的加工成品是四川的四大芥菜腌制品（榨菜、冬菜、芽菜、大头菜）之一，尤以内江大头菜在省内外享有较高的声誉。

内江种植加工大头菜已有 100 多年的历史，人们俗称"黄金果"，在国内外颇有名气；目前，大头菜也成为成都市近年来大力发展的特色加工型蔬菜之一，龙泉驿区、青白江区、金堂县等地为主产区，是当地农民增收的主要产业之一，在蔬菜产业及人们日常生活中占有十分重要的地位，在国内外市场上供不应求。

二、大头菜生物学特征

在芥菜类蔬菜中，大头菜的适应性最强，耐寒能力较强，能耐短期的轻霜冻，可做秋季和冬春季栽培，四川盆地主做秋冬栽培。大头菜幼苗生长适温为 20～26℃，叶片生长适温为 15℃左右，茎部膨大的气温要求在 16℃以下，平均气温在 13～18℃ 为最适生长温度。

三、大头菜栽培技术

1. 产地环境选择 大头菜种植宜选土层深厚、有机质含量高、排灌方便、保水保肥力强的细沙土或沙壤土种植。

2. 品种选择 根据不同栽培区域选择不同熟性、产量高、加工品质好的品种，如成都荷包菜大头菜、内江缺叶大头菜、二马桩大头菜等。

3. 栽培季节 四川盆地大头菜最适播期为 8 月中旬至 9 月上旬。播种过早，气温高易引发病毒病及先期抽薹；播种过迟，前期营养生长不够，根部不易膨大，影响产量和品质。

4. 育苗技术

（1）苗床准备。苗床宜选土壤肥沃、土质疏松、背风向阳、排灌方便的沙壤土田块。深翻炕土，每亩施腐熟有机肥 2 000～2 500 千克、过磷酸钙 40～50 千克、适量草木灰作底肥，耙细整平后作成畦面 1.0～1.2 米宽、畦沟深 20 厘米的高畦。

（2）播种。苗床每亩用种量 250～300 克。苗床与大田比约为 1∶15。播种前先将苗床淋透水，用细沙土或草木灰与种子混匀，均匀撒在苗床上，薄层稻草覆盖或遮阳网覆盖3～5天出苗后揭除。

大头菜也可直播，一般采用2厘米浅穴点播，每亩用种量100～150克，播种后覆盖用细沙土浅浅地覆盖，直播匀出的秧苗也可大田栽培技术本田。

（3）苗床管理。出苗后间苗1～2次，去除病苗、弱苗，培育壮苗。间苗后，根据苗情每亩尿素5千克兑水稀施追肥1～2次。幼苗出土后，用1 000倍液的甲基托布津液喷洒1次防猝倒病，苗期注意防止蚜虫。

5. 大田栽培技术

（1）大田准备。定植前一周对本田进行深耕炕土。施足底肥是大头菜取得高产的关键，定植前2～3天，每亩撒施腐熟有机肥2 000～2 500千克、过磷酸钙10～20千克、三元复合肥（15 - 15 - 15）15～20千克、硫酸钾15～25千克。每亩撒施2～4千克3%辛硫磷防治地下害虫，翻耕耙平整畦，畦宽1.2～1.5米，畦沟深20厘米，田间四周开深沟30厘米防积水。

（2）定植。苗龄25～30天、苗高20～25厘米、幼苗有4～5片真叶时为定植的适宜时期，行距40～50厘米，株距30～40厘米，每亩定植3 500～4 000株，定植时及时浇带药定根水。

（3）大田管理。在定植缓苗后进行追肥。追肥原则是勤施薄施，栽后15天左右、茎基部开始膨大时第一次追肥，每亩用腐熟的稀粪水加5千克尿素淋施。栽后40天左右，茎根进入快速膨大期第二次追肥，每亩施入腐熟的稀粪水2 000千克，兑三元复合肥（15 - 15 - 15）15～20千克，使根茎充分膨大，避免早抽薹。后期视长势可用2%～3%的硫酸钾水溶液淋施或用0.05%～0.10%的磷酸二氢钾喷施1～2次，促进根茎膨大，提高产量。遇干旱时及时浇水，保持菜苗根部土壤湿润，特别在肉质根膨大期要保持土壤水分充足。浇水以见干见湿为宜。注意预防大田渍水。

6. 主要病虫害防治

大头菜生育期主要病害有软腐病、霜霉病、黑斑病、病毒病等。虫害主要有斜纹夜蛾、菜青虫、跳甲、蚜虫等。

（1）软腐病。大头菜软腐病主要危害根、茎和叶片。根部感病常开始于根尖，发病初期呈褐色，水渍状，逐渐向上蔓延，整个肉质根软腐溃烂成团，腐烂发臭。该病为细菌性病害，由细菌侵染致病。病菌在病株残体、堆肥中越冬，通过雨水、灌溉水、肥料等传播，主要从植株机械伤口、昆虫啃食伤口等处侵入。低温高湿条件下该病害易发生流行，连作、平畦栽培、管理粗放、伤口多时发生严重。防治措施：①选用抗病的优良品种；②避免与茄科、瓜类及其他十字花科蔬菜连作；③翻耕炕土，及时清除蔬菜病残体；④采用深沟高畦种植，通风透气排湿；⑤实行沟灌或喷灌，严防大水漫灌；⑥发病前或发病初期用30%恶霉灵800倍液、14%络氨铜水剂300倍液或50%氯溴异氰尿酸50～60克/亩喷雾防治，每10天左右喷1次，连喷2～3次。

（2）霜霉病。植株发病初期病斑呈黄绿色，近圆形，后逐渐变为黄色多角形，着生于叶片正、背面。湿度大时，叶背病斑出现白色霉层（孢囊梗和孢子囊）。严重时，叶片皱缩变褐枯死。病菌卵孢子在土壤中或种子上越冬，孢子囊随风、雨等反复传播，低温（15～25℃）、高湿（70%以上）条件下易发病，植株营养不良、偏施氮肥也是发病的重要原因。防治措施：①选用抗病良种，用25%甲霜灵悬浮种衣剂拌种；②采用深沟窄畦，加强田间排水，合理密植，降低田间湿度；③平衡施肥，增施磷钾肥，防止偏施氮肥；④与非十字花科作物进行2年以上的轮作；⑤发病初期用25%嘧菌酯悬浮剂1 000倍液或58%甲霜灵锰锌可湿性粉剂600～700倍液或80%代森锰锌可湿性粉剂800倍液喷雾。每7天左右喷1次，药剂交替使用，连喷2～3次。

（3）跳甲。跳甲类害虫幼虫取食地下根部，形成弯曲虫道，成虫咬食叶片成孔洞，是大头菜较难防治的害虫之一。防治跳甲要进行叶面和土中双重防治，同时前期把土中防治幼虫作为关键防治。防治措施：①提前深翻晒土，清除田间杂草、蔬菜残体等越冬场所和食源；②大田撒施3％辛硫磷2～4千克杀死土壤跳甲幼虫；③选用低毒的苦参碱、醚菊酯等生物农药防治；④移栽时用90％敌百虫可湿性粉剂1 000倍液灌根、3％阿尔法特乳油1 000倍液或1.8％阿维菌素乳油8 000倍液喷雾。

7. 采收　大头菜植株顶部新叶褪绿未现薹、根茎充分膨大时为采收最佳时期，可及时采收。采收过早，根茎未充分膨大影响产量；采收过迟，易出现肉质纤维化、空心等现象。四川盆地大头菜的最适采收期为12月底至翌年1月中下旬。

第三节　广西根用芥菜栽培技术

一、产业概况

广西目前仅有少部分地区种植有根用芥菜，即大头芥变种（var. *megarrhiza* Tsen et Lee），又名大头菜。在广西比较出名的有横县南乡大头菜、玉林牛腿萝卜、柳州融安小州大头菜、宁明大头菜等。但相比之下，横县南乡大头菜因其色泽最漂亮而最为出名，主要种植地区为南宁市横县，面积约为4万亩，其他地区只有少量种植。

广西横县种植大头菜具有悠久的历史，据横县史料记载，最早种植、腌制大头菜是南乡陈塘村，相传已有13代，有300多年的历史。横县大头菜早在清代乾隆年间便已驰名中外。横县大头菜因其色泽金黄、肉质脆嫩、粗纤维含量低、风味独特、香气独特浓郁等特点，于2009年7月获得"横县大头菜"地理标志产品保护。

二、品种类型与主要新品种

横县大头菜因其形似佛手，故也称佛手大头菜。主要栽培品种为本地佛手芥菜。株高 30～70 厘米。叶浅绿色、绿色、深绿色、酱红色或绿间红色，长椭圆形或大头羽状浅裂或深裂，叶面平滑，无刺毛，蜡粉少，叶缘具细锯齿。肉质根肥大，形状为圆柱形，地上部浅绿色，根部入土部分白色。肉质根具有辛辣味，主要作为腌制加工的原料。南乡大头菜是当地土生土长的品种，种子全靠农民祖祖辈辈薪火相传。因此，在选种、留种、储种上有一定的讲究；否则，影响下一代培育，整个品种质量就会下降。

三、标准化栽培技术

1. 品种　多为本地品种，如横县南乡大头菜、玉林牛腿萝卜、柳州融安小州大头菜、宁明大头菜等。

2. 育苗

（1）种子处理。播种前晒 4～6 小时，用 70%敌克松或 50%多菌灵可湿性粉剂，按种子质量的 0.4%拌种。

（2）播种。选择排灌方便、土层深厚、土壤肥沃的水田或旱地进行育苗，育苗时间为 9 月中旬至 10 月中旬。

采用穴盘进行基质育苗或苗床进行直播育苗。采用穴盘进行育苗的可选用商品化的育苗基质进行育苗。播种时，应先将畦面浇透水，再均匀地播种，播种后覆一层细土将种子覆没。

3. 苗期管理　播种后视土壤水分情况进行补水，保持土壤湿润即可。出苗一周后开始间苗，将病株、弱株、劣株、密株拔出。

4. 整地作畦

（1）选地。选择土层厚度≥39 厘米、土壤质地疏松、含沙砾多、有机质含量≥1.5%、pH 为 5.0～7.5、排灌条件良好的地块。

（2）整地。深耕 15～25 厘米，把土壤打碎耙平，开沟作畦，畦面宽 100～120 厘米。

（3）基肥。基肥以有机肥为主，每亩施腐熟有机肥 2 000～2 500 千克、过磷酸钙 20～30 千克。

（4）定植。当幼苗长至 4～5 叶 1 心时定植。选取健康无病害的苗，株行距（40～45）厘米×（40～45）厘米。

（5）水肥管理。定植后 7 天，每亩施三元复合肥 10 千克，以后每亩追施三元复合肥 10～15 千克，共 2～3 次。收获前 30 天停止施肥。

5. 病虫害防治 按照"预防为主，综合防治"的植保方针，坚持以"农业防治、物理防治、生物防治为主，化学防治为辅"的无害化病虫害管理原则。

选用抗病优良品种及无病虫种子，培育无病虫害壮苗。合理轮作换茬，注意灌水、排水、清洁田园。

主要虫害是黄曲条跳甲、菜青虫、吊丝虫、蚜虫等，主要病害是病毒病、软腐病、霜霉病、菌核病等。可用 5％抑太保乳油 4 000 倍液、20％氰戊菊酯 2 000～4 000 倍液、10％吡虫啉可湿粉 1 000 倍液轮换进行喷施防治虫害。可用 72％农用链霉素 4 000 倍液、40％百菌清悬浮剂 500 倍液、53％金雷多米尔可湿性粉剂 600 倍液轮换进行喷施防治病害。

6. 采收 12 月中旬至翌年 2 月中旬进行采收时间。当基部叶片枯黄，根头部由绿转黄色，株重 1.0 千克以上，块根粗大，肥嫩，不空心，无或轻虫伤即达到采收标准。

第四节 浙江根用芥菜栽培技术

一、慈溪根用芥菜栽培技术

大头菜叶、肉质根均可食用，食用方法分鲜食和加工腌制各种花色酱菜。鲜食一般在霜降节气后，肉质根辣味减退、糖分增加时为佳，可以清淡蒸煮食用、油酱烤菜食用；加工品一般分龙须菜、辣片、五香大头菜、酱大头菜、什锦菜、泡菜、咸大头菜干、紫香大头菜等，大头菜的腌制过程实质上是微生物发酵、食盐高渗透压和蛋白质分解等一系列生化反应协同作用的结果，该过程赋予了大头菜独特的风味和口感。坎墩街道五塘新村至今仍家家户户加工紫香大头菜，每年冬季年加工成品 15 万千克以上，夏季产品远销上海、广东、江西、江苏以及浙江杭州、宁波等地，是盛夏开胃、解腻生津的极好菜肴。

（一）主要栽培品种

大头菜植株直立，高 45～60 厘米。直根肥大肉质，呈不正的圆锥形，也有短圆筒形或圆形。肉质根皮厚而硬，肉白色，肉质硬水分少，有强烈芥辣味。一般长 10～18 厘米，横径 7～14 厘米，单个重 0.5 千克左右。肉质根上部的根头部约占肉质根全部的 1/3，呈绿色，有节，节上有芽，能发生小叶一丛。叶生在短缩的茎上，长倒卵形或椭圆形，浓绿色，一般长 40～60 厘米，宽 18～23 厘米。叶背的叶脉及叶面皆有稀疏刺毛，叶面较平滑，叶缘缺裂的变化甚为多样。依照叶缘缺刻与否，可以分为板叶与花叶的两个叶型。花器较同属的油菜类、甘蓝类稍小，为总状花序，花密生，鲜黄色。花粉粒大型，其直径在 40 微米以上。果实细而短，为 3～4 厘米，长角果于种子间略收缩而作念珠状。种子深红色或深黄褐色，较小，直径 1.1～1.8 毫米，在放大镜下观察球形，有小窝点。

大头菜是慈溪地方农家品种，叶大浓绿色，叶缘无深刻。肉质根短呈圆锥形，地上部绿色，地下部灰白色，单个块根重 0.2 千克，大的 0.5 千克左右。肉质紧密，适于腌制或制成油焖大头菜罐头。在慈溪一带，一般 8 月上中旬播种，12 月上中旬收获。慈溪农民在长期的生产实践中，根据大头菜的叶形和肉质根等形状，将种植的大头菜分为细秆花叶和粗秆花（板）叶两个类型。

细秆花叶：叶茸毛细，叶片缺刻深，根系浅，主根细，头偏圆形为主，光滑，肉质内部白，细嫩，质优，在慈溪坎墩一带种植较多。该品种抗旱能力弱，抗逆性差，肉质根易受冻害，产量低，一般亩产 2 500 千克左右。

粗秆花（板）叶：叶色深绿色，茸毛多而粗糙，叶柄较圆，上部叶片基本无缺刻，下部叶片缺刻浅，头以圆柱形为主，也有偏圆形，肉质紧密，内肉白色，肉质比细秆花叶硬，表面粗糙，根系深。该品种抗旱能力强，肉质根大，需肥量多，产量高，一般亩产 3 000 千克左右。

大头菜的适应性强，在平均气温 24～27℃的高温季节，叶部能正常生长，9～10℃的低温也能适应，肉质根生长的适温为 13～20℃。大头菜要求充足的光照，土壤以沙质黏壤土为好。

大头菜的前作为各种夏季作物，如毛豆、菜豆、瓜果、茄子类等，后作为第二年春季蔬菜。在慈溪，常与蚕豆、大小麦、棉花间作，近几年多以纯作为主。

（二）栽培技术

1. 播种育苗　食用大头菜肉质根必须育苗移栽，8 月上中旬播种，选择向阳通风地块，亩施 1 000 千克厩肥深翻、平整，墒情适中时播种，每亩大田留苗床 0.15 亩，用种量 75 克左右，播种后盖上草帘，3 天后出苗揭去草帘，及时间苗，施一次稀薄人粪尿。干旱年份要特别防治蚜虫，预防病毒病的发生。

2. 选地　大头菜属于深根性植物，所以宜选择土壤深厚、富含有机质、保水保肥强、排水良好的土地栽种。沙壤土适宜肉质根膨大及表面光滑。

3. 移栽　大头菜 9 月 15～25 日移栽，秧龄 30～35 天。若秧龄过长，在 10 月小阳春时易少量抽薹。因此，应该在苗根破壳、肉质根直径 1 厘米左右时移栽为好。过早移栽则肉质根要变形，过迟移栽则苗期不发。移栽时秧苗必须大小一致，有大小苗时可分批删苗移栽。起苗前施好一次起身肥，喷好一次药，做到带药移栽，起苗时还要浇透水，防止起苗时伤根。

大头菜前作一般是瓜类、毛豆、鲜玉米等，也可与棉花间作，空地时先施入有机肥深翻晒垡，移栽前 3～5 天整地，打孔移栽，移栽时穴施无氯三元复合肥 50 千克。由于氯离子含量太高易引起肉质根开裂，因此施含氯化肥时必须在移栽前一个月施入。移栽时要理直根系，有利于块根膨大，有谚语说"宁种摘（di）根，不种扭（yue）根"，要在墒情适中时移栽，雨后过湿移栽易发生根腐病。每亩密度纯作 7 000～8 000 株，1.2 米畦宽种植 3～4 行。密度过大，肉质根变小，商品性不好；稀植时，肉质根过大，肉质变粗，需肥量也要增加。

4. 管理　大头菜对营养元素的吸收量，都以钾最多，氮次之，磷最少。所以，对大头菜的施肥，不宜偏施氮肥，应重视钾肥、磷肥的施用。从植株在各生长期中对营养元素的吸收量来看，则以肉质根的生长盛期需求最大，在土壤中应有充足的钾肥、磷肥，以满足其对钾、磷迅速增长的需要。移栽后土壤干燥要及时浇一次稀薄人粪尿，以便活棵。活棵后及时施一次追肥，移栽后 20 天看生长势，若生长不旺，则再施一次追肥。肉质根 3～4 厘米时再补施一次追肥。霜降至立冬期肉质根进入盛长期，要追一次重肥，每亩用硫酸铵或尿素 30 千克。对农历春节以后收获的大头菜，越冬前再施一次肥。及时除草松土，并做好护根，起到增白、防止冻害伤根，大头菜最怕田间积水，要及时开沟排水。大头菜不耐连作，要隔年种植，否则易引起根肿病、软腐病。病虫害防治：大头菜干旱年份，蚜虫发生严重，易引起病毒病，要及时防治。每亩可用 10% 吡虫啉 20 克、46% 氟啶·啶虫脒 6 克喷雾防治，兼治小菜蛾、菜青虫。多雨年份蜗牛发生量大，危害后导致肉质根开裂，可用四聚乙醛防治。苗期还要注意猿叶虫危害。

5. 采收　大头菜移栽至肉质根采收的生育期 80 天左右，约在 12 月即可采收，其成熟采收的特征为块根充分膨大、基部的叶片已枯黄，叶腋间发生侧芽，叶卷缩，叶色变黄。应选择晴天及时采收，若收获太迟，则肉质根纤维发达，肉质根硬化。后期肉质根木质化，部分变为空心，失去食用价值。将肉质根收起后，如为加工用的，可削去须根，摘除老叶，只留 7～8 片嫩叶；如作鲜菜用的，可将根与叶分开处理，做烤大头菜鲜食的嫩叶与肉质根连在一起。

6. 畸形　大头菜肉质根的分叉、弯曲、黑心、开裂及空心等生理障碍是大头菜生产常见现象，严重影响了大头菜的产量与品质。因此，认识大头菜肉质根产生生理障碍的原因，并掌握其克服方法，在理论与实践上有着重要意义。

（1）分叉与弯曲的形成与控制。肉质根的分叉和弯曲是由于肉质根在发育中，侧根在特殊条件下膨大，导致直根分叉形成两条或三四条根，整个直根分叉弯曲成为畸形，直接影响其商品性。导致肉质根分叉弯曲的主要因素有：种子陈旧、生活力弱或胚根受到破坏，易产生分叉与弯曲的肉质根；土壤耕层太浅，质地粗糙或有石块、坚硬的残根等阻碍肉质根的生长，产生分叉；施入未腐熟有机肥，由于未腐熟有机肥继续发酵从而引起肉质根分叉；地下害虫咬断直根后也会引起分叉；移栽的根菜类如大头菜，由于移栽容易先端折断，引起异常的叉根。因此，为了防止肉质根的分叉与弯曲，要尽量用新种子，在耕层深厚的沙质壤土中播种。同时，要施入腐熟有机肥，防治地下害虫，移栽时避免损伤直根。

（2）开裂的形成与控制。肉质根开裂不仅影响其商品质量，也影响其储藏性，容易腐烂。肉质根开裂有纵向与横向，也有在根头部放射状开裂。开裂逐渐引起肉质根木质化，并在开裂处产生周皮层。一般情况下，开裂多发生在直根生长后期，收获过迟开裂较多。开裂主要由于供水不均匀，土壤含水量前期多而后期干燥，或前期干燥而后期多湿，或者忽干忽湿，都易引起开裂。因此，防止裂根的有效措施就是在肉质根形成期间供水均匀，避免忽干忽湿。

（3）空心的形成与防止。空心又称糠心，是大头菜常见的生理病。它不仅使肉质根重量减轻，而且使各种营养品质降低，影响到加工、食用与储藏性。空心主要发生在肉质根形成的中后期与储藏期，木质部的一些薄壁细胞由于输导组织对水分和养分的长途运输发生困难所致。最初表现为组织衰老，内含物逐渐减少，薄壁细胞处于饥饿状态，开始出现气泡，同时产生细胞间隙，最后形成空心现象。空心受许多因素影响。①与品种有关，一般肉质根致密的小型品种不易空心，而肉质疏松的大型品种易空心。②与环境条件有关，一般昼夜温均高，同化产物大量消耗，容易空心；肉质根形成期间光照不足，同化物减少，茎叶生长受到限制，从而发生空心。③与栽培技术有关，肉质根膨大期间供水不匀，或前期多水而后期干燥都易空心；肉质根膨大初期施肥过多，根膨大过快容易产生空心现象；种植密度也会影响到空心，密度过小时，植株生长旺盛，肉质根膨大快易产生空心；播期过早也易产生空心。④先期抽薹，由于抽薹，营养向地上部转移，肉质根缺乏营养而出现空心。生产上要针对上述原因注意加强管理防止出现空心。另外，也可用叶面喷肥或激素来防止空心。据研究，喷尿素效果较好。

（4）黑心的形成与防止。农民施用化肥时，不小心把干肥撒到大头菜上引起肥害，导致肉质根变黑，常年连作也会导致肉质根黑心，必须进行轮作。

7. 留种技术　花叶大头菜属于十字花科芸薹属天然异花授粉作物，开花时与其他十字花科蔬菜容易产生生物学混交而引起性状变异。因此，必须通过独特的留种方法进行繁种，以保持该农家品种的原有特征特性。现将百年传统留种方法介绍如下：

（1）播种。8月底气温凉爽时进行整地播种，出苗后及时进行间苗，保证秧苗生长均匀。苗期可少量施用复合肥促进秧苗生长。

（2）移栽。9月底，当秧龄27～30天时进行移栽，移栽时秧苗必须"破壳"（块根初膨大）。这时可以识别大头菜是不是变种，菜秧块根上大下小、只有双边对称少量须根为正宗大头菜；

而毛脚胡须（满头须根）块根大头菜多为与雪菜之类的十字花科蔬菜混交而产生的变种，种植时应该剔除。移栽时先翻耕、整地，随后白地移栽，不施任何基肥，移栽后及时浇定根水，确保成活，行株距为33厘米×15厘米左右。

（3）管理。成活后及时进行除草松土、培土，确保块根呈现白嫩，等活棵后约移栽后20天，黄叶落下、已发出新叶时撒施复合肥，每亩施复合肥35~40千克，可分两次施用，施肥时要防止复合肥碰到块根，以防烂根（黑心块根）。施肥后松土，防止肥料流失。

秧苗期、移栽后秋季气温较高，容易发生蚜虫、菜青虫。蚜虫危害后容易产生病毒病，严重影响产量与品质。应及时用吡虫啉20克兑水15千克进行喷雾，一般防治3次。

（4）再植。12月上旬暗霜来临时，选择主根粗壮、二角胡须少（须根）、块根圆正、洁白、中等大小、菜叶呈花叶状大头菜拔起10株，晒堡一天。第二天种植时将菜叶割掉，只留15厘米左右叶柄，深埋肉质根，防止冰冻，再植到附近有白萝卜种植的田边地角，露出半个菜头。随后浇上活棵水，种植留种大头菜时必须远离雪菜等其他十字花科蔬菜地，开花时还要泼上稀薄人粪尿，用臭气驱赶蜜蜂，以免串粉而导致生物学混交。通过再植抑制了大头菜的营养生长，有利于向生殖生长转化。不经过再植而直接留种的大头菜容易结出"猛籽"，也就是播种后大头菜会出现块根不易膨大、块根中间有呈纤维状维管束、叶片生长迅速、提早抽薹等性状变异。坎墩民间在大头菜留种的地块边种植不易开裂的卢田萝卜，通过与白萝卜混种繁育种子，经昆虫授粉，能改善大头菜部分性状。据说这样留种的大头菜肉质根光滑、须根少、肉质白、细嫩、不易开裂，否则块根呈淡绿色，外观粗糙、开裂，商品性差；而不经过再植直接留种的，抽薹时分枝散乱、丛生，下半年种植时肉质根须根多、粗，而且呈现纤维化，种性出现退化现象。

通过再植后，大头菜在 3 月 20 日以后开花，推迟开花时间半个月以上，错开了与其他大部分十字花科蔬菜的开花盛期，避免了与其他十字花科蔬菜串粉混交。但与雪菜仍然花期接近，容易混交。所以，再植大头菜必须与雪菜隔开，最好采用丝网罩隔离；保持留下来的大头菜品种的纯正，大大提高了种子产量、质量和纯度（表 4-1）。

表 4-1　留种方式对大头菜种子产量、质量和纯度的影响

留种方式	种子产量（千克/亩）	千粒重（克）	纯度（%）
再植	79	1.31	96.8
不再植	58	1.09	65.2

等开花授粉结荚后，施少量复合肥，促进种子饱满，施肥时同样要远离块根，以防烂根；春季开花后还要治虫 3 次，用于防治菜青虫、潜叶蝇，可采用 20% 的氯虫双酰胺颗粒剂来防治菜青虫，其用量为 10 克/亩，亩用 30 千克水喷雾；采用灭蝇胺 10% 悬浮剂 150 毫升/亩防治潜叶蝇。

（5）收获。6 月初将大头菜秆拔起挂在屋檐下至荚果开裂，等待后熟脱粒、清壳，晒干后收藏。收集种子，待下半年种植之用。

（三）紫香大头菜加工

慈溪土特产中，产于坎墩的紫香大头菜榜上有名。坎墩的滩簧艺人经常唱着这样一段曲子："五塘紫香大头菜，味道鲜美胃口来。若是作客到坎墩，请尝这道特产菜。"慈溪市坎墩街道五塘新村，早年 90% 以上农户都会腌制紫香大头菜，是远近闻名的紫香大头菜加工专业村。紫香大头菜是农户的主要经济收入来源，年加工鲜大头菜 1 万吨以上，产品远销浙江宁波以及上海、广东等地，以宁波、余姚、奉化为主。

坎墩人腌制紫香大头菜的方法，至今还保持着传统纯手工工艺。以坎墩本地出产的上等鲜大头菜为主要原料，农民从 12 月中旬开始进行紫香大头菜加工，春节前忙活一个月时间，需要经过多道工序加工而成：

1. 削须切片　将收获的鲜大头菜先剔除泥块削掉根须，选择只有两边须根、圆整形大头菜，削掉须根后放入大缸（俗称七石缸）中洗刷干净，将洗刷干净的大头菜平摊在水泥晒场沥干水分。随后用人工把大头菜块根均匀切成片，切片必须由熟练工来操作，确保切片均匀，每只块根切成 10 片、厚度 0.3 厘米左右，且根茎处连在一起。切片前要准备好工具，将两根木条钉在长凳上，木条分别留有凹槽，能托住大头菜，防止菜头滑动。切片时把大头菜放入两根固定的木条中间，菜头朝上，茎叶朝下，从上向下均匀切片，切到木条为止，凹槽处块根茎部便连在一起。

2. 悬挂风干　在通风空旷地搭好人字毛竹棚架备用，两边分别绑上横向毛竹，间隔 0.5 米一档，毛竹架搭在高架桥下更佳，可免受雨水困扰。将 4 个切好片的大头菜用稻草把菜叶捆扎一起，悬挂到毛竹架上，经 10～15 天风吹日晒，待风干到 35%～38% 重量时为最合适，菜片不易折断，干湿相宜，制作的成品香气浓郁。一般晴朗猛刮西北风的冬天，悬挂风干效果最好。遇到下雨天，要及时覆盖塑料薄膜避雨，防止遇水变褐，影响品质。

3. 腌制翻缸　将风干后的大头菜取下准备腌制，去除捆扎的稻草，将单个大头菜的风干菜叶绕起卷实成团。为便于翻缸，两个大缸并排在一起，将切片菜根捏成扇形后平放入其中一只大缸内，每放一层菜撒一层盐，每层用脚踩踏结实，第一次用盐比例为 100∶4。隔天进行翻缸，翻缸时将腌制的大头菜用盆搬到旁边的空缸，一层菜一层盐，用盐比例仍为 100∶4。翻缸的目的是让扇形菜两面腌制均匀，这次可隔层，人工踏实踏平，减少空隙防止空气进入，以防腐烂。

4. 分瓮包装　经翻缸二次腌制后，隔 3～5 天把大缸中腌制的大头菜进行分瓮包装。选用能装 40 千克大头菜的榨菜瓮为好，口子达 25 厘米以上，便于人工踩踏，分装后每瓮毛重 50 千克便于搬运。把大缸内腌制好的大头菜分装到榨菜瓮中，放一层菜撒一层盐，再将菜踏实，瓮边用扁平木棍撑实，不留空隙。这次的用盐比例应降到100：2，并要添加防腐剂、花椒各0.2%左右。瓮口用洗净腌制过的须根、菜叶盖面，面上再撒0.2千克盐防腐，铺上一层圆形状塑料薄膜，再用2~3厘米厚水泥浆封平瓮口密封，春节前完成装瓮工序，放置在避光阴凉处。存放时间一般为4个月，5月中旬开瓮销售，直至整个夏季销售完毕。

成品菜颜色呈紫色或淡黄色，湿润柔软，色香味美，故名为紫香大头菜。为此，每到夏天来临，无论在城市还是农村的菜场里，到处都能看到它的踪影。因为夏季里把紫香大头菜做成汤，味道鲜美，具有止渴生津开胃之功效。

二、杭州市萧山区根用芥菜栽培技术

（一）品种类型与主要新品种

选择经过提纯的本地种大头菜。肉质根近圆形，质地脆嫩，水分较多，中间木质化低，耐肥、耐热性强，抗干旱，整齐度好，不易抽薹。

（二）标准化栽培技术

1. 栽培季节　根用芥菜不论南北均可秋播。秋季降温较快而冬季严寒的地区秋播较早，降温较缓且冬季不甚寒冷的地区秋播较迟。从华北到长江流域及长江以南，其播种期可从8月5日至9月5日左右。过早播种，则易先期抽薹；过迟播种，因前期营养生长不够，影响产量及品质，较冷地区未及收获已受冻害。

2. 地块选择　根用芥菜宜选土层深厚、疏松、保水保肥力强的细沙土或黏壤土种植。前茬以瓜类、豆类、马铃薯、麦茬地为宜。前茬作物要腾茬早，以便有较充足的时间进行整地耕翻，同时要避免十字花科的作物作前茬；否则，易发生病害。要使肉质根生长良好，应深翻炕土，熟化土壤，基肥用商品有机肥1 500~2 500千克/亩、过磷酸钙25千克/亩、草木灰150千克/

亩，撒于地面，然后随耕地耕翻入土。

3. 播种育苗　根用芥菜可直播也可以育苗移栽，长江流域以育苗为主。移栽育苗时，为减少肉质根分支，可用带土和早移栽的方法。育苗床应选保水保肥好的壤土，播前半月深耕 20 厘米，每亩施 2 500 千克商品有机肥、过磷酸钙 40 千克、草木灰 200 千克作基肥，于播前整细耙平。作宽 130 厘米、高 15 厘米的高畦。撒播种子每亩 0.3～0.4 千克。播后覆盖过筛的堆肥，以不见种子为度。然后浇水，并覆盖稻草以防大雨和干旱。出苗后及时除去覆盖物。

4. 定植密度　育苗移栽的，当幼苗长至 3～5 片真叶时即可移栽定植，株行距为 40 厘米×45 厘米，栽 4 000 株/亩左右。

5. 田间管理

（1）中耕培土。在大头菜生长期间，结合中耕培土 2～3 次，以减少田间杂草，同时也减少根部外露，以防大头菜根部变绿、粗、老，中耕除草宜早不宜迟。施好追肥：追肥分 2 次，第一次在移栽后 7～10 天，每亩施腐熟人粪尿 500～700 千克、尿素 3 千克；第二次在第一次施肥后 20 天左右，此时大头菜的肉质根开始迅速膨大，每亩施尿素 15 千克，以促进叶丛生长，为肉质根膨大、大头菜丰产打下基础。

（2）抗旱。在大头菜肉质根膨大期，如遇连续干旱天气，要灌跑马水抗旱，以促进肉质根膨大。

6. 防病治虫　坚持"预防为主，综合防治"的植保方针，合理轮作，推广病虫害无害化治理技术。采用生物防治、物理防治和化学防治相结合，科学防治病虫害。

（1）农业防治。根据气候条件选择适宜的播种期，播种前进行种子处理，用 75％百菌清可湿性粉剂拌种。生产田块应与非十字花科作物轮作，以减少病虫害的发生，提高品质。收获后及时清除大头菜残体，减少再次侵染。

（2）物理防治。利用害虫对颜色的趋性进行诱杀，田间悬挂黄色粘虫胶纸（板）防治蚜虫、美洲斑潜蝇等害虫；利用害虫对某些物质的趋性诱杀，用糖醋液、性信息素等诱杀害虫；利用害虫的趋光性诱杀，用白炽灯、高压汞灯、频振式杀虫灯诱杀夜蛾科害虫。

（3）生物防治。保护和利用瓢虫、草蛉、食蚜蝇、猎蝽、蜘蛛等捕食性天敌和赤眼蜂、丽蚜小蜂等寄生性天敌，利用微生物农药（如苏云金杆菌、白僵菌等）、生物农药（如阿维菌素、井冈霉素、复抗霉素、农用链霉素等）、抗菌剂等防治病虫；利用苦参素、烟碱、除虫菊素等植物源农药防治多种害虫。

（4）化学防治。根据病虫害种类、发生发展规律，合理选用化学农药，对症下药，优先使用植物源、微生物源农药和昆虫生长调节剂，有限度地使用部分高效低毒的化学农药。对主要病虫害的防治，蚜虫从苗期第一片真叶起，每7～10天用吡虫啉类农药治1次，遇秋旱则适当增加防治措施。霜霉病防治可在除虫的同时加入杀毒矾、杜邦克露、安克锰锌、瑞毒霉、雷多米尔等农药。病毒病防治可采用适期播种、适时间苗、保持田间湿润、合理轮作等农业措施，可彻底治蚜。同时，应加强肥水管理，施足基肥，以增强抗性。

7. 及时采收　基部叶片枯黄，地下茎充分膨大，根头部由绿色转为黄色时及时采收。采收过晚会因抽薹而影响品质，不符合加工要求。

（四）套种（养）高效栽培模式

1. 大头菜-雪菜-大豆一年三茬栽培模式　大头菜于8月22～25日播种，密度为1.5万株/亩，11月中旬收获，产量约5 000千克/亩。春雪菜于10月初播种，11月中旬移栽，密度为1.5万株/亩，翌年3月底至4月初收获，产量为600千克/亩左右。大豆于4月初播种，密度为1.5万株/亩，7月上中旬收获，产量为400千克/亩以上。

2. 桑园冬季套种大头菜　选择适当的桑园进行大头菜的套

种，不仅能够增加大头菜的产量，同时还能够提高大头菜的生产品质，使得腌制后的大头菜味道鲜美、口感香脆。因此，需要选择土壤肥力强、土层疏松的桑园进行套种。于每年 10 月下旬进行播种，播种 50 克/亩种子。

3. 小麦-西瓜-大头菜间套栽培模式　该模式操作简单、效益显著，每亩可产小麦 300 千克、西瓜 4 000 千克、大头菜 3 500 千克。西瓜一般于 3 月中下旬育苗，苗期控制在 30 天。大头菜一般于 7 月初利用遮阳网覆盖进行育苗，播种前先在畦面上浇水或稀粪水，撒播种子后覆土厚 1 厘米，晴天白天覆盖遮阳网，夜间揭去，出苗后间苗 1～2 次，根据墒情和苗情，及时浇水或追肥 1 次，5～6 片真叶时即可移栽。小麦于 10 月中旬播种，翌年 5 月底 6 月初及时收割小麦。

(五) 简易加工技术

1. 传统大头菜腌制方法　挑选菜头完整健康、无粗大侧根的鲜根芥菜菜头为原料，剔除老叶烂叶和黄叶，削去细小侧根和根尖。将整理好的菜头用细绳扎捆菜叶，挂到木架或绳子上进行晾晒。将 100 千克新鲜根芥菜晒到不足 40 千克。解开晒好的根芥菜捆，将每棵的叶子在顶端扎成一个团块，然后进行切片。切片时一手握住已扎成团的菜叶，一手握住切片刀的柄，将菜头切成薄片，每片厚 1.5～2 毫米，但保持顶端连接。

切片后把每个菜头展开成扇面形，然后按一层菜一层盐的方式，逐层铺进缸内，按每 100 千克半干的大头菜用盐 6～7 千克为标准，放一层菜，撒一层盐，层层踏实。铺菜要把每层都铺成一圈圈的圆圈状排列，使菜叶向着圆心，菜头向着圆周。装满后，在缸面盖一层干菜叶，再盖上缸盖，这样在缸内腌制 2～3 天，使食盐全部溶化并渗入菜头的内部组织。取出菜头，进行挑选、整理，除去质次的菜头。经挑选的根芥菜须立即装入坛中。装坛时，先在坛底撒上薄薄一层食盐，然后装入大头菜，每层用圆头粗木棒捣压结实。装坛时不另外加盐，但原缸内未融化的食盐。装满后用木棒捣紧塞实，以排出菜间的空隙。并在坛口撒一层约 1 厘米厚的食盐，以控制微生物活动。撒盐后，在坛口盖上塑料薄膜，用细绳紧捆在坛口上，涂上稻草拌和的稀黄泥。待黄泥半干时用扁木棒拍打结实，使坛口封闭严密。经 1～2 个月发酵完成即为大头菜成品。

2. 五香大头菜腌制方法　当原料进厂之后，组织人力快速削去须根、尾根及外皮；否则，时间过长，堆积发烧，容易腐烂。削皮时不要削得太深，以免损耗过大。切块时要大小均匀，呈橘瓣状，一般以切成 6～8 块为宜。

将削皮成型的大头菜按 8% 的用盐量进行腌渍，层菜层盐，采用下少、中稍多、上多的方法加盐。加盐时，先将轻度盐水洒于菜体表面，以便于粘盐。翌日可将缸顶盐扫动，然后用工具在缸内搅一次，目的是促进食盐溶化。待食盐全部溶化后，可进行翻缸，每 3 天翻缸一次，共翻 3 次。此后即可进行晾晒，在天气正常情况下，初腌及初晒需要 40 天左右时间，标准是七成干，以手握感觉无硬心为宜。

先将 8% 的食盐和 8% 的焦糖色加水混合兑成菜汤，然后将晒干的菜坯置于缸内，配兑比例是 100 千克干菜坯兑入 100 千克菜汤。每隔 6 天翻缸一次，腌渍 40～60 天后，菜坯已吸足菜汤。以菜坯内呈黑色、恢复原块状为准。这时可进行复晒，此次晾晒因正逢春天，故晾晒 10 余天即可，以外表层稍有皱皮为标准。将经过复晒后的菜坯，继续置入老汤缸内腌渍，每 3 天翻缸一次，经 3 次翻缸为 10 天左右，菜坯已全部吸足卤汤，此时可进行三晒，3 天时间即可。

将经过三晒的大头菜先运至仓库内，放在事先铺好的席子上进行堆积回潮，以利于粘上香料粉，回潮时间需要 24 小时。

按 0.3% 的用量，将香料粉撒在回潮后的菜坯上，分批翻拌均匀，并加入 0.03% 的苯甲酸钠。然后分层压紧在缸内，盖上塑料薄膜后熟 15～20 天即为成品。

3. 家常芥菜丝　平时腌制生芥菜丝时，可以准备四五个新鲜的芥菜疙瘩，再新准备适量的花生米，然后准备 100 克食用盐，花椒与大料煮准备一些，喜欢吃辣的朋友还可以准备少量的红辣椒。

把准备好的新鲜芥菜疙瘩用清水洗净，然后切成丝状，再把它的水分沥干，放到阳光下晒制 1 天，让它的水分尽可能多地挥发掉。

把准备好的花生米入锅炒制，炒熟以后要把花生米的外衣去掉备用。锅中放适量食用醋，再加入花椒和八角等调味料，一起煮开，煮开以后关火，让它自然降温。

把盐加入芥菜丝中，用筷子把它们调匀，让芥菜丝与盐充分接触，腌制几个小时以后，再把炒好的花生米和煮好的料汁倒入芥菜丝，然后把它们调匀，装入可以密封的瓶子，压实，密封。

放在阴凉的地方腌制 3～4 天以后里面的芥菜丝就能腌好入味，想吃时取出加入适量麻油提味，直接食用就可以。

第五章 芥菜类蔬菜加工技术

第一节 概　　述

（一）蔬菜加工概述

蔬菜是人们日常生活中必不可少的重要农产品，随着农业产业结构的调整和效益农业的发展，蔬菜的种植面积日渐扩大。中国是世界蔬菜生产和贸易第一大国。据 FAO 统计数据，2012 年中国蔬菜产量为 5.76 亿吨，收获面积 2 470 万公顷，分别占世界总量的 52.13％和 43.12％。目前，我国蔬菜生产已经步入了快车道，它的快速发展宣告蔬菜的产销已经从过去的卖方市场彻底转变为买方市场，从而在极大地丰富国内蔬菜市场的同时也给广大消费者的"菜篮子"带来了相当的实惠。作为"菜篮子"工程的重要组成部分，蔬菜深加工正扮演着越来越重要的角色。开展蔬菜深加工不仅可以延长蔬菜的储藏和供应期，缓和蔬菜淡旺季的产、供、销矛盾，而且还可以改进蔬菜的风味和营养、增加花色品种、丰富市场、满足人们对蔬菜副食品日益增长的消费需求，同时也便于蔬菜的远距离扩散销售及进行国际间贸易。此外，通过蔬菜深加工还可以使产品增值、帮助农民增收、分担政府压力……这些都在相当程度上体现了蔬菜深加工的现实意义和经济意义。

浙江是我国蔬菜生产和深加工较为发达的省份。盐渍蔬菜、速冻蔬菜、脱水蔬菜以及近年来发展较快的蔬菜保鲜产业构成了浙江蔬菜深加工的产业支柱。像盐渍菜中的榨菜、雪菜、萝卜干以及众多的速冻蔬菜、脱水蔬菜和保鲜蔬菜在国际上都有一定的知名度。也涌现出了一大批如浙江海通集团、慈溪蔬菜开发公司等产值数千万元乃至超亿元的龙头企业。面对国内产业结构调整带来的蔬菜生产大发展及加入 WTO 后所面临的新形势，浙江的蔬菜深加工产业同样需要在原有基础上来一个飞跃，这是不言自明的。

（二）国内外研究现状和发展趋势

就蔬菜深加工的产业发展而言，我国也经历了由小到大、由弱到强的发展过程。目前，蔬菜深加工的产品品种已由过去较为单一的罐藏菜、盐渍菜和脱水菜发展到包括速冻菜、保鲜菜、蔬菜饮料等多门类、多品种齐头并进、共同发展的产业格局，且保持了良好的内销和外销势头。如盐渍菜是我国的传统产品，主要向日本和东南亚国家出口且出口量在逐年增加。我国近年来每年出口的盐渍菜产品在 20 万吨以上，创汇约 1.4 亿美元。有资料显示，日本国内盐渍菜消费总量中的约 80% 均来自于中国。脱水蔬菜是我国对外出口的又一主要品种，现有品种 20 多个，年出口量近 2.6 万吨，主要销往美国、日本等国家和西欧、中国香港等地区。主要品种有白菜、甘蓝、香菇、笋干、胡萝卜等。据海关总署统计资料显示，自 20 世纪 90 年代以来，我国脱水蔬菜的出口量每年以 30% 的速度递增。目前，我国脱水蔬菜的出口总量约占世界总量的 2/3。相比较而言，速冻蔬菜在我国的生产历史较短，但我国生产的速冻蔬菜绝大多数用于出口，出口的国家和地区数量逐年增多。目前已出口日本、美国、德国等国家和中国香港等地区。其中，日本、美国从我国进口速冻蔬菜的数量最大，而且仍在逐年增加。据日本冷冻食品协会统计，1997 年 1～11 月日本从中国进口的冷冻蔬菜达 19.7 万吨，其中芋头 4.8 万吨，是 1992 年的 3 倍；其次是菠菜，在进口蔬菜品种中占第三位。罐头食品在我国的生产历史较久，在所有 400 余种产品中，畅销的品种有 50 余种。其中，蔬菜罐头是当今市场的宠儿，需求也持续增长。蔬菜罐头以供应半成品为主、成品为辅。半成品主要有竹笋、马蹄、芦笋、香菇、蘑菇、金针菇、玉米笋、大粒青豆等 20 多个品种。成品则以野菜罐头为主，如薹菜、蕨菜等，以天然、无污染为特点。目前，国外市场普遍看好蔬菜罐头。中国每年出口的罐头食品中，蔬菜罐头约占总量的 60%，可谓是一枝独秀。

国内蔬菜加工业的发展虽然在一定程度上展现了国内蔬菜深加工的一些成绩，但是，面对我国目前蔬菜生产超量发展的现实对蔬菜深加工带来的压力，以及加入 WTO 后对国内蔬菜深加工的挑战和机遇，我国蔬菜深加工产业的发展水平和发展速度仍是不容乐观的。首先，我国蔬菜的人均占有量虽然已是世界人均占有量的 2 倍以上，但加工量仅占国内蔬菜生产总量的 10% 左右，且有相当数量为低附加值和低水平的加工产品。其次，国内蔬菜深加工尚有许多产品从种子到机械设备甚至包装材料都还受制于其他国家。所有这些都在很大程度上制约了国内蔬菜深加工产业的发展。因此，加快发展国内的蔬菜深加工产业以适应新形势发展的需要已到了刻不容缓的地步。

（三）蔬菜腌制的原理及相关进展

蔬菜腌制是中国应用最普遍、最古老的蔬菜加工方法。所谓蔬菜腌制，本质上是指微生物对蔬菜的发酵作用。蔬菜腌制指的是一种利用盐的渗透作用、微生物发酵来保藏蔬菜，并通过乳酸菌的发酵作用、调味配料的腌制，增进蔬菜风味。发酵蔬菜、泡菜、榨菜都是腌制蔬菜食品。

常见的腌制蔬菜分为发酵型腌菜和非发酵型蔬菜。发酵型蔬菜有半干发酵型腌菜，如榨菜和冬菜等；湿发酵型腌菜，如泡菜和酸菜等。由于各种微生物在其发酵过程中的繁殖发育，使蔬菜成分分解而产生特殊的风味，作用十分复杂。非发酵型腌菜指的是咸菜、酱菜和醋渍菜等，是用高浓度的食盐腌制，使微生物难以繁殖而达到经久保藏的目的。从蔬菜本身来说，并不是完全没有发酵作用，而是发酵作用不显著。

蔬菜通过腌制加工，无论外观和成分上都会发生复杂的变化，这些变化来源于渗透作用和发酵作用两方面。渗透作用是利用食盐较高的渗透压，使蔬菜组织软化，以保存可溶性内容物的呈味成分，并阻止腐败菌的生长和繁殖以达到保存的目的。腌菜时食盐浓度越高，其防腐效果越好。但是，高浓度的食盐溶液会引起强烈的渗透作用，蔬菜就会因为细胞骤然失去水分而致皱缩，并造成营养成分的流失。为了减少这些损失，可分层加盐。使用食盐的浓度，因蔬菜种类而异。组织细嫩和细胞液较稀薄的蔬菜，应少加盐；反之，则可多加。通常榨菜坯料的加工用盐量为 $12\% \sim 15\%$。

蔬菜腌制过程中的发酵作用是利用微生物（主要是乳酸菌）将蔬菜中的碳水化合物和蛋白质等复杂的有机物分解为简单的化合物，从而获得能量和生长发育所必需的养分。它们对于蔬菜中有机物的分解是有先后程序的，一般先分解糖分，接着分解果胶和半纤维素，然后再分解蛋白质。蔬菜中糖分的发酵作用，主要有乳酸发酵（由乳酸菌分解糖，生成乳酸；或者，除生成乳酸外，还能产生醋酸、乙醇和二氧化碳）、酒精发酵（由酵母将糖分发酵而生成乙醇）、醋酸发酵（由糖发酵生成乙醇，再氧化为醋酸）和丁酸发酵（由丁酸菌分解糖分，生成丁酸）等。蔬菜的糖分由于被不同的微生物所作用，其发酵生成的产物也不同。乳酸发酵过程中生成的乳酸可以预防腐败菌，因为腐败菌只能在pH 5.0 以上的环境中生长发育，而乳酸菌可在 pH 3.0～3.5 的环境中生长发育，所以乳酸的积累是蔬菜耐储的主要原因之一。在酒精发酵和醋酸发酵过程中，生成的微量乙醇与醋酸化合产生酯类，发出的芳香可增进腌菜的风味。丁酸发酵生成的丁酸，不仅对蔬菜的腌制加工无益，而且会使腌菜产生令人不悦的风味，应予防止。乳酸菌的发酵不需空气，而大多数产膜酵母和霉菌均系好气菌。所以，蔬菜腌制时要压紧或密封，也可用盐水淹没，以隔绝空气。

尽管乳酸菌只是植物原生微生物中的一小部分，但它们代表了最具有显著改善植物食品健康促进特性能力的重要微生物，发酵可以促进植物性食品获得更多健康强化的特性。而其中乳酸发酵是最普遍的，发酵过程与不同微生物的酶系密切相关。植物性食品富含很多营养因素（如维生素、矿物质、抗氧化剂、酚类物质和膳食纤维等），也包含各种各样的抗营养因子（如草酸盐、蛋白酶、α-淀粉酶抑制剂、凝集素、缩合单宁和植酸等），由于植物的化学组成成分和生物转化的可能途径是多种多样的，所以植物的发酵就像由各种细菌（主要是乳酸菌）承担的代谢迷宫，每株迷宫路径涉及可以产生目标底物的特异性细菌酶。细菌代谢遵循哪一条路径取决于这些酶的共同作用，导致了发酵过程中产生富含高生物利用度的发酵植物生物活性化合物，和/或产生具有少量抗营养的化合物。这个迷宫涉及多种次生植物代谢产物（如酚类物质），而正是这些源于植物原料的形形色色的代谢产物，赋予了不同腌制蔬菜独特的质构特点、风味和营养。这些迷宫经历的路径是与乳酸的适应性生长和在发酵过程中存活情况有关的，分析发酵过程中各因素间相互作用的组学方法揭开了特定的植物原料（如榨菜、萝卜、雪菜等）发酵过程中与原料加工最适应的乳酸菌的特性。基于此，可以根据原料特性对发酵的过程进行最佳设计和优化。

每个路径代表一个释放生物化合物或去除抗营养因子的潜在途径。

（四）蔬菜腌制品有害物质的控制研究进展

1. 亚硝酸盐的形成　近年来，世界上氮肥使用量增长快，造成土壤中亚硝酸盐含量增加。同时，加剧了土壤硝酸盐的淋溶过程。硝酸盐由土壤渗透到地下水，对水体造成严重污染。

　　我国 118 个城市地下水的分析资料显示，城市地下水的硝酸盐含量超过了国家标准，64％的城市亚硝酸盐含量超过了世界标准。氮肥的大量使用使植物类食物原料中含有较多的硝酸盐和亚硝酸盐，而腌制蔬菜在制作过程中伴随着一系列微生物（大肠杆菌、变形杆菌、沙门氏菌等硝酸盐还原菌）的发酵活动，微生物代谢的复杂过程就会使蔬菜原料中本身含有的硝酸盐进一步转化为有害物质亚硝酸盐。虽然蔬菜原料中的酚类和维生素 C 等物质会将亚硝酸盐还原，但微生物发酵过程中生成的亚硝酸盐远大于被还原的亚硝酸盐。因此，随着腌制蔬菜腌制过程的进行，亚硝酸盐含量会逐步增加。此即以蔬菜为原料的腌制食品中亚硝酸盐的主要来源。

　　一般情况下，蔬菜腌制刚开始的时候亚硝酸盐的含量会不断增长，达到一个高峰之后就会下降，这个峰叫做亚硝峰。有的蔬菜出现一个峰，也有的出现 3 次高峰。对于亚硝峰出现的时间，与蔬菜加工量、用盐量、加工环境（温度等）都是密切相关的。例如，家庭自制的腌制蔬菜，在常温（20～25℃）条件下，第 2～3 天即可达到亚硝峰；而对于工厂的坯料加工，由于处理量巨大，环境温度低，达到亚硝峰的时间就长很多，甚至能达到一个月或者更长。但统一的观点是，在规范的加工操作条件下，对于腌制时间足够的（超过亚硝峰产生的时间）、腌"熟"腌"透"的蔬菜产品，亚硝酸盐的含量都会降至安全范围内。

　　2. 腌制蔬菜中亚硝酸盐的危害　在食品的腌制过程中，亚硝酸盐能抑制肉毒梭状芽孢杆菌及其他类型腐败菌生长，具有良好的呈色作用和抗氧化作用，并且能改善腌制食品的风味。

　　但对于腌制蔬菜而言，更为人所重视的是亚硝酸盐的危害。有资料表明，人体长期摄取大量亚硝酸盐，可使血管扩张，血液中正常携氧的低铁血红蛋白被氧化成高铁血红蛋白，从而因失去携氧能力而引起组织缺氧，产生氧化血红蛋白血液病。一般人体摄入 0.2～0.5 克的亚硝酸盐可引起中毒，超过 3 克则可致死。

亚硝酸盐能够透过胎盘进入胎儿体内，婴儿（6个月以内）对亚硝酸盐特别敏感，临床上患"高铁血红蛋白症"的婴儿多是食用亚硝酸盐或硝酸盐含量高的食品引起的，症状为缺氧，出现紫绀，甚至死亡。5岁以下儿童发生脑癌的相对危险度增高，与母体经食物摄入亚硝酸盐量有关。此外，亚硝酸盐还可通过乳汁进入婴儿体内，造成婴儿机体组织缺氧，皮肤、黏膜出现青紫斑。

亚硝酸盐的存在还是腌制食品（肉、蔬菜等）中主要的潜在致癌危害。亚硝酸盐能与腌制品中蛋白质分解产物胺类反应形成强致癌物亚硝胺，亚硝胺在体内微粒体羟化酶作用下，经过一系列代谢，使细胞产生突变或癌变。据动物试验，一次多量或长期摄入亚硝胺均可引起癌症。人类的鼻咽癌、食道癌、胃癌、肝癌等都与亚硝胺有关。相关报道显示，泡菜等蔬菜腌制品中含有的亚硝酸盐是胃癌致病因素之一。

3. 腌制蔬菜中亚硝酸盐的控制

（1）原料的栽培控制。对于国内许多大规模的蔬菜加工企业，可考虑从源头上控制原料品质。蔬菜在生长过程中吸收土壤中的氮和人为施放的氮肥，变成蔬菜中的硝酸盐，硝酸盐本身无毒性，但在微生物作用下得以还原，生成亚硝酸盐，成为腌制蔬菜中亚硝酸盐的主要来源。从原料种植基地的土质、水质、环境，以及原料的品种、施肥等方面综合考虑，切断硝酸盐的来源，是一个控制亚硝酸盐的可行思路。但是，由于目前国内多数腌制蔬菜加工企业规模较小，具备如此生产条件的更是少之又少，故这种控制手段仅适合于少数大企业，并不能根本解决整体行业内的普遍问题。

（2）化学方法。运用化学方法来降低亚硝酸盐主要有：添加天然物质，从而阻断亚硝胺的合成，如蒜汁、姜汁、芦荟汁等；添加抑菌剂部分替代亚硝酸盐的作用，如抗坏血酸、柠檬酸等，其作用机理也是阻断亚硝酸盐的生成，阻断亚硝基与仲胺的结合，防止亚硝胺的产生；防止蔬菜加工过程中硝酸盐还原菌的生长繁殖，减少酸败和异味。对于一些需要护色的产品，可添加一些能起到类似亚硝酸盐发色或防腐作用的物质，如红曲色素、抗坏血酸等。

（3）生物方法。利用微生物降低腌制品中的 pH、产生亚硝酸还原酶降解亚硝酸盐的微生物或者直接利用亚硝酸还原酶降低腌制品中亚硝酸盐含量。传统的蔬菜发酵，利用的是原料中的原生微生物，并不对发酵过程进行过多干预，故大肠杆菌、变形杆菌、沙门氏菌等硝酸盐还原菌并未加以控制。有研究指出，利用现代生物发酵手段，将植物乳杆菌、肠膜明串珠菌、乳酸片球菌和短乳杆菌冻干菌粉，加上优化后的保护剂，制成可用于蔬菜发酵的直投式发酵剂，形成的优势菌群对控制硝酸盐还原菌的生长产生极大的抑制作用，对亚硝酸盐的降解率达 98%，该技术可用于工业化生产。也有研究从巨大芽孢杆菌中分离纯化得到亚硝酸盐还原酶，将该酶和特异性辅酶组成的复合酶制剂，在蔬菜腌制过程中加入，可降低产品的亚硝酸盐含量。

第二节　榨菜加工技术

（一）榨菜加工的历史及现状

榨菜是我国一种家喻户晓的腌菜，生产榨菜的原料为茎瘤芥，在植物学上属十字花科芸薹属。茎瘤芥的种植主要分布在重庆、四川、浙江地区，茎瘤芥不易储存，仅在当季鲜食，大部分用于加工榨菜。通常所指的榨菜，是经过盐腌、压榨等工序，加入配料制成的盐腌菜。榨菜是一种半干态非发酵性咸菜，是中国名特产品之一，与法国酸黄瓜、德国甜酸甘蓝并称世界三大腌菜。

榨菜是茎用芥菜的加工产品，它的质地脆嫩，风味鲜美，营养丰富，含丰富的人体所必需的蛋白质、胡萝卜素、膳食纤维、矿物质等，以及谷氨酸、天门冬氨酸等游离氨基酸，具有一种特殊的风味。用于此类加工的芥菜品种主要有重庆的草腰子、浙江海宁的碎叶种和半碎叶种。

四川榨菜是四川省的名优土特产，其中涪陵榨菜素以脆、嫩、鲜、香的传统风味而著称，又是中国食品工艺宝库的优秀遗产。重庆的蔬菜种植产业中，榨菜当之无愧地排第一；而重庆的榨菜产业，又数涪陵榨菜排第一。

涪陵位于长江与乌江汇合之处。该处出产一种茎部发达、叶柄下有乳状突起的茎瘤芥。清光绪年间，在涪陵县荔枝乡邱家湾，涪陵人邱寿安在湖北宜昌开设"荣生昌"酱园。他雇用的伙计邓炳成选用肉厚质嫩的茎瘤芥，仿腌制大头菜的方法加以改进，让风吹至半干，加盐揉搓腌渍，然后用木榨榨干盐水和菜中酸水，再放上佐料，装坛密封。这种用木榨加工的菜，就取名"榨菜"。由于它具有脆、嫩、鲜、香的独特风味，大受群众欢迎。起初邱家严格保密，获利甚厚。后来腌制方法逐渐传开，到光绪末年逐步形成商品运销武汉、上海等地。1914 年已规模化生产，逐年发展到长江沿岸。到 1935 年，榨菜作坊已遍及四川沿长江一带，年产达 45 万坛，其中涪陵占 25 万坛，所以"涪陵榨菜"名声大振，至今未衰。

1995 年 3 月，涪陵被国家命名为"中国榨菜之乡"。早在几年前，有关部门就定下了"到 2017 年，把重庆建成全球最大的榨菜种植加工基地"的目标。如今，经过多年的发展，涪陵榨菜因其"嫩、脆、鲜、香"的独特口味在国内外享有盛誉，涪陵榨菜早已成为重庆的一张名片。涪陵既是全国最大的榨菜优质原料基地，又是"国家南菜北运"基地。2014 年 12 月，"涪陵青菜头"被认定为"重庆市蔬菜第一品牌"；"涪陵榨菜""涪陵青菜头"品牌价值分别达 138.78 亿元、20.74 亿元。2015 年 10 月，涪陵区被评为"中国百佳特色产业县（区）"。2015 年 12 月，涪陵区被认定为"中国十大品牌生产基地"。2016 年，涪陵榨菜产业总产值达 85 亿元。

　　涪陵榨菜年生产占全国产量的 1/3 以上，销往国内 29 个省份及我国港澳地区，出口日本和东南亚一带，并进入欧洲和拉美市场。20 世纪 30 年代以后，其生产技艺传入浙江杭嘉湖平原的海宁、余姚、萧山、桐乡、黄岩、温岭、温州、宁波等地。

　　近年来，浙江省榨菜常年栽培面积稳定在 40 万亩左右，年产量 120 万吨，年加工量近 100 万吨，加工年产值达 20 亿元以上。榨菜产业的持续稳定发展，为开发冬季农业、实现绿色过冬发挥了重要作用，促进了浙江农业增效、农民增收。如今，浙江省榨菜主产区分布在杭州湾两岸的浙北的桐乡、海宁，浙东的余姚、慈溪、上虞，以及浙南的瑞安、龙湾等县（市、区）。其中，前 5 个市栽培面积达 30 万亩以上，总产量近 100 万吨，分别占浙江榨菜栽培面积和产量的 80％ 以上，且产区种植连片集中，基地规模较大，重点乡镇生产面积万亩以上，其中余姚泗门镇和上虞盖北镇榨菜种植面积超过 4 万亩。余姚榨菜种植始于 20 世纪 60 年代，从姚北棉区开始，大致经历了 4 个发展阶段：60 年代开始试种，70 年代逐步推广，80 年代广为普及，90 年代迅猛发展，已成为余姚市农业的主导产品之一。姚北榨菜与四川榨菜不同的是：四川榨菜春种秋收，余姚则是秋种春收；四川榨菜种在山坡地上，余姚榨菜种在沿海平原松软的沃土里。由于土壤肥沃、雨量充沛，生长期间越冬经霜，加上菜农的精耕细作，使得余姚榨菜圆头大，特别鲜嫩，口感爽脆，市场占有率高，效益也好，由此带动榨菜种植业迅猛发展。

　　浙江榨菜加工整体水平较高，围绕原料生产基地，发展聚集了一批几百家的榨菜加工企业，桐乡、海宁、余姚、慈溪、上虞 5 个主产区的加工年产值达 20 多亿元，加工能力近 90 万吨，占浙江的 80％ 以上。各榨菜加工企业加大技改投入，致力于产品的升级换代，加强管理，努力提高产品质量和档次，使余姚榨菜备受消费者青睐，市场份额不断扩大，并涌现出了一批名优品牌企业，如宁波铜钱桥食品菜业有限公司、宁波备得福菜业有限公司、余姚富贵菜业公司、余姚国泰实业公司、浙江斜桥榨菜食品有限公司、桐乡南日蔬菜食品公司等已成为省级或市级农业产业化龙头企业，"斜桥""铜钱桥""备得福"等一批浙江榨菜品牌知名度不断扩大，不少企业通过了 ISO 9000、HACCP 等质量管理体系认证，获得中国国际农业博览会名牌称号、浙江省农业名牌产品、国家级绿色食品等称号。这些骨干龙头企业对提高余姚榨菜的整体档次和知名度以及市场占有率起到了重要的作用。余姚榨菜产量日益提高，产品不断升级换代，销售网络遍布全国，甚至远销海外，余姚成为全国最大的榨菜生产加工基地，1999年，被农业部命名为"中国榨菜之乡"，2004年获得国家原产地标记证书，2006年"余姚榨菜"获得证明商标。浙江榨菜不但进入国内各大型超市，还成为出口到美国、日本等国家的重要蔬菜制品，年出口创汇超亿元。

（二）榨菜的传统生产工艺

盐渍蔬菜以食盐的渗透作用、微生物的发酵作用、蛋白质的分解作用等一系列复杂的生物化学等混合作用完成其腌制过程。期间伴随着腌制过程的不断推进，风味物质在原料细胞液不断地渗出和转化过程中不断生成和累积，原料也因此逐渐由生转熟，最终形成具有独特风味和口感的蔬菜腌制加工制品。

蔬菜腌制加工品通常具有制法简便、成本低廉、容易保存以及风味好且能大大增进食欲等其他加工蔬菜所不及的优点，因而广受国内外消费者的喜爱。即便在饮食生活日渐丰富、饮食消费日渐多样化的今天，蔬菜腌制加工品依然成为众多消费者日常生活中不可或缺的调味佳品。

榨菜的成分主要是蛋白质、胡萝卜素、膳食纤维、矿物质等，因此被誉为"天然味精"。因其富含产生鲜味的化学成分，经腌制发酵后，鲜味更浓；加之传统加工方式又以延长产品保质期为基础，所以榨菜的传统加工方法是将榨菜在高浓度食盐中发酵得到的，在腌制过程中，需要对榨菜进行 2～3 次腌制、2～3次食盐渗透合并脱水，在这个过程中微生物的活动和榨菜的组织结构变化，是影响产品品质的重要因素。腌制过程中榨菜中食盐含量变化以及含水量的变化导致优势微生物菌群发生改变，加之脱水势必影响榨菜组织结构的致密程度，导致形成榨菜品质的物质成分和细胞结构发生改变，从而影响榨菜的品质形成。因此，研究腌制过程中食盐、酸度和水分含量（即通常所说的盐、酸、水）的变化，对于研究榨菜产品的品质形成具有重要意义，对于指导生产具有现实意义。

榨菜的加工方式主要分为两种，即风脱水方式和盐脱水方式。四川和重庆地区大多腌制采用风脱水方式，其腌制工艺为：选料→剥菜、划块→修剪→风脱水→一次腌制→一次压榨→二次腌制→二次压榨→淘洗→拌料→装坛→后熟。而浙江地区的腌制方式多数采用盐脱水方式，其腌制工艺为：选料→剥菜→清洗→入池→加盐→一次施制→翻池加盐→二次腌制→后熟。

1. 四川和重庆地区榨菜的生产要点

（1）分选。原料的质量好坏直接影响成品率的高低和产品质量，原料应选择组织细嫩、致密、皮薄、老筋少、瘤形突起圆钝、凹沟浅而小、大小均匀，无黑心、烂心、黄心的菜头，由于榨菜品种复杂、耕作栽培各异、自然条件不同，所以个体形状、单个重量、皮的厚薄、筋的多少、水分高低都有较大的差别，如混合加工会给风干脱水、盐水渗透带来困难。因此，必须分类处理：个体重 150～350 克的，可整个加工；个体重 350～500 克的，应中间切开加工；个体重 500 克以上的，应划成 3～4 块，做到大小基本一致，竖划老嫩兼顾、青白均匀，防止食用时口感不一；个体重 150 克以下及斑点、空心、硬头、箭秆、羊角、老菜等应列为级外菜；个体重 60 克以下，不能作为榨菜，只能合在菜尖一起处理。

（2）串菜。过去用篾丝缝中串菜，菜身留下黑洞，且易夹染污物。因此，砍菜时可稍留 3 厘米左右根茎穿篓，避免损伤菜身。穿菜时按大小分别穿串，青面对白面，使有间隙通风。

（3）晾架风干。每 50 千克菜需搭架 6.5～7 叉菜架，大块菜晾架顶，小块菜晾底层，架脚不得摊晾菜串，力求脱水均匀。在 2～3 级风的情况下，一般须晾晒 7 天，平均水分下降率为：早菜 42%、中菜 40%、晚期尾菜 38%。

（4）下架。坚持先晾先下，要求菜头周身活软、无硬心，严格掌握干湿程度，适时下架。

（5）剥皮去根。砍掉过长根茎，剥尽茎部老皮。

（6）头腌。下架菜块须尽快下池进行头道腌制，防止堆积发烧。头腌每 100 千克用盐 4 千克，拌和均匀下池，层层压紧排气，早晚追压。避免满池加菜，以免发烧变质。头腌约需 72 小时，追去苦水。

（7）翻池二腌。分层起池，调整上、下、中边的位置。二腌用盐 7%～8%，拌和揉搓须均匀。二腌需 7 天以上，保证盐分进入菜中，防止菜变酸。

（8）修剪。用剪刀挑尽老筋、硬筋，修剪飞皮菜匙、菜顶尖锥，剔去黑斑、烂点和缝隙杂质，防止损伤青皮、白肉。修剪整形时，二次剔出混入的次级菜。

（9）淘洗。当天修剪整形的菜头，必须当天用 3 次清盐水仔细淘洗。

（10）压榨。传统工艺使用木榨压水，工作效率低，劳动强度大。后改成"囤围"，利用高位自重压水，但底层压力大，压成扁块，而上层又水湿肥胖，干湿程度差别较大，容易变酸。湿块色不鲜、味不正、质不脆、不耐储，严重影响块形、风味。目前正逐步采用机压，使压力基本均匀，压榨后菜头含水率控制在 72%～74%。

（11）拌料、包装、后熟。下榨的菜头必须晾干明水，以免料面稀糊。根据不同需求采用不同的调味配方，并根据不同产品形式要求进行包装。

2. 产品的质量标准

（1）感官指标。干潮适度、咸淡适口、淘洗干净、修剪光滑、色泽鲜明、闻味鲜香、质地嫩脆、块头均匀。

（2）理化指标。含水量为 72%～74%；含盐量为 12%～14%；总酸含量为 0.6%～0.7%。

3. 浙式榨菜的生产要点　传统的浙式榨菜的加工工艺流程与四川、重庆地区的工艺大致相似，主要区别在于脱水方式。如上所述，四川榨菜的脱水方式多为风脱水，但是江浙地带气候湿润、降水量大，风脱水的方式显然不太适合，故浙式榨菜多采用盐脱水的方式对原料进行处理。

（1）收购榨菜。榨菜应及时收获，选择体形小、呈团圆形、整齐美观的新鲜原料，剔除空心老壳菜、畸形菜。

（2）剥菜。鲜菜头每堆不要超过 5 000 千克，以免堆内发热变质。用刀将榨菜基部老皮老筋剥去，呈圆形，不可损伤突起瘤，剥去老皮老筋后的菜头为原重的 90%～92%。

（3）第一次腌制。一般用菜池腌制，菜池挖在地面以下，长、宽、高分别为 3.3～4.0 米、3.3～4.0 米、2.3～3.3 米。池底及四壁用水泥涂抹表面，地面有条件的可铺上瓷砖，使加工场所清洁卫生。每 1 000 千克剥好的菜头用盐 30～35 千克。撒盐时应掌握每 15 厘米厚的菜层撒一层盐，并且要分布均匀，轻轻踩压，直到食盐溶化，菜已压紧为止。如此层层加盐压紧，实际加盐时应掌握底轻面重，即最下面十几层每层酌留盖面盐 4% 左右，一直腌到与地面齐平时，再将所留盖面盐全部撒在表面。铺上竹编隔板，加放大石条块。石条块须分次加入，首先较松菜块受压下陷，6 小时内保证每立方米菜池压大石条块 2 000 千克左右，这时菜块下陷基本稳定，菜块上水。第一次腌制脱水时间不得超过 48 小时，以免菜头发酸。腌制脱水时间一到，马上起池上囤。起池时，可将菜头在盐水中边起边淘洗边上囤。囤基先垫上竹隔板，囤用苇席围周正，上囤时层层踩紧，囤高不超过2米。上囤24小时。

（4）第二次腌制。将上述上囤的菜头如上置于菜池内，每层约15厘米厚，按每1 000千克经第一次腌制后的菜头加盐80千克，均匀撒施，压紧菜块，使盐充分溶化。加盐时最下面十几层每层留盖面盐1％。每池不可装得太满，应距池面20厘米，防盐水外溢。然后在面上铺上一层塑料纸，盖严盖实菜块，塑料纸上加沙15厘米左右厚，经常检查，在沙上踩压，使菜水完全淹没菜头，注意不要让沙子落入菜块内。腌制20天左右后，即可起池。如需继续存放池内，应适当增加菜水含盐量。注意清除菜水表面酒花。若是制作小包装方便榨菜，粗加工过程到此为止，是为"白熟菜块"。

（5）修剪挑筋。将第二次腌毕的菜头坯子在菜水中边淘洗边取出，用剪刀或小刀修去飞皮，挑去老筋，剪去菜耳，除去斑点，使菜坯光滑整齐。取出的菜头，当天修剪完毕。

（6）分等整形。按菜块大小分等，750克以上、菜块均匀、肉质厚实、质地脆嫩、修剪光滑的圆形菜为外销菜。600克以上、有菜瘤、长形菜不超过20％的为甲级菜。300克以上、长形菜不超过60％的为乙级菜。200克以上菜块不够均匀的为小块菜。对于体形过大的菜块应经过改刀整形，使菜形美观。

（7）淘洗上榨。将已分等整形的菜块再利用已澄清过滤的咸卤水淘洗干净，然后上榨以榨干菜块上的明水以及菜块内部可能被压出的水分。上榨时，榨盖一定要缓慢下压，不使菜块变形或破裂。上榨时，还应准确掌握出榨折率，外销菜60％～62％，甲级菜62％～64％，乙级菜66％～68％，小块菜74％～76％。

（8）拌料、包装、后熟。下榨的菜头必须晾干明水，以免料面稀糊。根据不同需求采用不同的调味配方，并根据不同产品形式要求进行包装。

（三）现代化榨菜加工工艺的优化和提升

近年来，人们对营养健康的关注度不断增加，随着人们对食品安全是食品工业发展底线这一理念的认同，公众对于食品工业的审视也逐步从过去单纯的食品安全向营养健康转变。世界卫生组织食品安全部主任彼得·本·恩巴瑞克（Peter Ben Embarek）博士在 2017 年食品安全热点科学解读媒体沟通会上特别指出，过去几十年里，食品科学与技术的进步令人叹为观止。食品工业在过去的半个世纪里已经能够应对食物紧缺的挑战，为不断增长的世界人口生产出足够的价格便宜的食品。但它现在必须应对更新的挑战，向不断增长的世界人口生产出足够的价格便宜的健康安全的食品。在近两年的食品安全热点中，与食品营养健康相关的内容逐渐增多，特别是对传统食品的评价，出现了一些有争议的观点，如 2016 年的红肉，2017 年的咸鱼、白酒、凉茶、油条、普洱茶等。在中国食品工业健康转型的大背景下，以中国传统食品大规模回归为特征的消费升级，需跨越"用科学的数据说明产品"的门槛。食品与生命科学的学科交叉、科技与产业的深度对接，已成必然。

作为传统发酵食品，榨菜目前的整个工艺过程及产品品质控制等方面仍然以传统的加工工艺为主，只有较为少数的榨菜企业具备工业化生产能力，其余均属零星分散，以小规模作坊式生产居多。发酵型榨菜几乎都采用传统的自然高盐腌渍，利用榨菜野生微生物发酵后熟，制作工艺为粗加工多，深加工、精加工少，榨菜产品附加值低。同时，因为采用高盐腌制，榨菜产品存在食盐含量高、生产周期长，而且货架期短、安全品质不稳定、亚硝酸盐含量严重超标等技术问题。另外，高盐腌制榨菜方式易引起产品营养成分大量流失，尤其是高盐腌制过程中产生的废水也会对环境造成污染。除此以外，榨菜生产存在的劳动力高成本和产品保质期都不能满足市场需求。一些生产厂家在榨菜中加入苯甲酸钠等防腐别，以抑制榨菜中微生物活动，延长产品的保质期。

但是，防腐剂的加入会对榨菜产品的风味产生不利的影响，而且苯甲酸钠等防腐剂不利于人体的健康，不符合当前"绿色消费"的理念。以上的这些问题严重阻碍了我国酱腌菜生产现代化和国际竞争力。因此，开发低盐和亚硝酸盐蔬菜产品是目前蔬菜加工产业亟待解决的主要问题。其实，为了迎合市场，近年来榨菜的生产也从提高品质、节能减排等角度出发，对榨菜的传统加工工艺进行了优化和提升，表现如下：

市场上陆续出现了许多种类的低盐咸菜，由于低盐咸菜盐度低、脆嫩鲜香，故深受消费者的喜爱。对于市场上最常见的传统的榨菜低盐化加工技术，我们应当理解，在盐渍蔬菜的生产过程中，腌制与保存是具有完全不同意义的两个概念。腌制的目的在于将新鲜蔬菜加工成具有独特风味的腌制加工品，而保存则是在腌制的基础上为应对全年不间断生产而必须具备的一种技术状态。限于生产条件和技术水平，我国的盐渍蔬菜生产与保存历来以高盐的渗透压作用来达到长期保存的目的，包括目前的低盐产品也离不开对高盐坯料进行脱盐进而加工成低盐产品。但不容忽视的是，无论是蔬菜腌制、保存或脱盐再加工，都存在着大量腌制副产物尤其是盐渍卤水（盐度通常在10度左右，COD高达40克/升）的状况。根据有关资料显示，我国目前从事盐渍蔬菜生产的重要省份有十数个之多，品种涵盖榨菜、萝卜、雪菜等数十个种类。其中，又以浙江、重庆和四川为国内最主要的产地，其总产量占国内总产量的70%以上。仅以榨菜为例，浙江与重庆涪陵的成品产量就达60万吨以上，且随着榨菜业的发展，榨菜产量还将大幅增加。而据测算，每加工1吨榨菜成品将产生约1.5吨的腌制卤水，照此计算，两地全年加工鲜榨菜合计近200万吨，由此产生的卤水则高达90万吨以上。这还仅仅只是榨菜单一品种的量，如果将腌制蔬菜全行业、全品种的量统计在一起的话则更为惊人。将这些高盐度、高浓度的卤水直接排放至河道或农田，将导致河网水体及农田受到严重污染，从而导致水体黑臭、土壤板结及盐碱化，久而久之必将严重影响生态环境与农业耕作，继而危及产业的生存与可持续发展。

我国盐渍蔬菜产业的生产历史悠久且品种众多、产量巨大，加之随意排放对环境的污染由来已久，产业的环保与可持续发展已成为维系生态环境、百姓健康和产业发展至关重要的生命线，如何应对挑战，将是摆在相关人员面前一项刻不容缓需要切实解决的重大课题。综上所述，传统的低盐榨菜产品并未对传统加工方法的用盐量等关键步骤进行改进和提升，只是将脱盐步骤进行的更为彻底。在调味阶段控制盐分，这样的操作对于榨菜营养物质的保留、产品的质构、加工的成本、环境的污染等方面不但没有改善，甚至消极作用更为强烈。所以，更多加工技术不断呈现。

1. 节能减排与清洁加工效应的低盐坯料清洁加工技术　事实上，国内有关单位对腌渍卤水的处理问题也早有关注。但因腌制蔬菜工艺的特殊性以及相关技术水平限制，腌制卤水的处理问题一直未能从根本上有效加以解决。而针对腌渍卤水所做的研究也都因存在这样或那样的重要缺陷而难以在生产上推广应用。其中，最典型的例子就是将腌渍后的卤水浓缩后制成酱油等调味品或通过反渗透浓缩以及膜处理手段达到将卤水淡化或去除有机物。但其制成酱油的主要问题在于浓缩过程中的高能耗和高成本，加之酱油产业本身竞争激烈，用腌渍卤水制成酱油因受特色、成本的制约而引发销路的问题导致难以推广。而卤水淡化则因受反渗透浓缩技术的限制，只能处理盐度≤4%以下低盐度的卤水。膜技术处理虽能有效去除卤水中的有机物，但因食盐的分子量过小，最小孔径的膜也难以阻挡食盐分子的通过而无法应用。由此，目前尚无切实可行的有效方法处理卤水。

相对于国内的被动处理而言，国外更注重于主动处理。日本琦玉县食品工业试验场的加藤司郎以日本大根为试材，通过研究不同含氧条件下微生物群落的变化情况及控制，将通常保存半年以上的盐量（一般为 $13\%\sim15\%$）降低至 7% 左右。

沈国华等人通过采用 N_2、CO_2 作为气体置换介质，以 EVOH 高阻隔塑料袋作为试验用包装材料，采用适度低盐方式（与传统方法相比，盐量降低 1/3 以上）保存半成品，从一定程度上对于低氧条件下微生物菌群进行控制和调节，采用气体置换方式进行低盐坯料储存能够收到明显的辅助抑菌效果。首先，在所检测的微生物数量中，菌落总数、乳酸菌均在一定程度上低于对照组，而霉菌、酵母的数量与对照相比则差异相对较小。在 N_2 和 CO_2 置换处理中，抑菌效果以 CO_2 的处理相对更为有效。另外，无论采用何种气体置换，其腌制坯料表面及液体上自始至终都没有明显的微生物生长，腌渍液清澈透明。此方法至少有以下突出亮点：一是降低用盐成本，减少高盐卤水对环境的污染，产业的健康与可持续发展得以最大限度地提升；二是简化生产工艺，去除再加工时的脱盐、脱水过程及耗水费用；三是减少营养和风味的流失，即在简化脱盐、脱水过程和提高效率的同时，最大限度地保留半成品原料的营养和风味，达到一举多赢的目的。

2. 新鲜榨菜直接发酵的泡菜类产品　泡菜是一种国际化商品，鲜、香、嫩、脆和爽口开胃是其主要特色。然而，由于国别不同，对目标的追求存在很大差异。韩国、日本等国家并不追求特别的发酵酸味和风味，而是把丰富的配料以及配料的风味作为追求目标，因而采用的是半干态低温自然发酵模式；而我国泡菜生产虽注重不同配料的配合，但总体上比较讲究泡菜发酵的自然酸味和风味，所采用的发酵方式也是适温液态嫌气条件下的自然发酵。此外，在泡菜的销售方式上，日本、韩国多以不经热杀菌处理的冷链方式进行销售；而我国因不具备冷链条件或受消费水平限制，只能以常温方式进行销售。由于泡菜多适合以鲜原料的现做现吃，保存时间通常颇为短暂，而若为求得较长的保质期采用热杀菌处理则将直接导致泡菜的迅速变色、变味以及脆性下降而丧失食用价值，尤其难以作为普通包装食品进行常温条件下的流通销售。

研发榨菜泡菜生产新工艺及突破泡菜产业化生产中的保质技术瓶颈，至少将在以下几方面对榨菜泡菜的关联者产生重要影响：四川、重庆、浙江等地区作为我国榨菜的传统故乡，当地老百姓祖祖辈辈有着种植榨菜的传统习惯，每年近百万亩左右的栽培面积情系着数以百万老百姓的生活冷暖。"榨菜泡菜"的生产技术瓶颈若能有较大突破，首先得益的将是从事榨菜种植的老百姓及国内外巨大的泡菜消费群体。此外，由于"榨菜泡菜"生产工艺与保质技术与其他泡菜的生产乃至整个盐渍蔬菜产业有着广泛的共通性，因此对整个盐渍蔬菜加工产业的健康发展以及对相关产业的带动都将产生不可估量的作用和影响。

3. 基于高效发酵剂的新型生产技术　发酵蔬菜是我国传统腌制蔬菜中的一大类别，而泡菜则是发酵蔬菜中的杰出代表，其历史可追溯到 2 000 多年以前。千百年来，泡菜以其酸鲜纯正、脆嫩芳香、清爽可口、自然本色、醇厚绵长、解腻开胃、促消化增食欲等功效吸引着众多消费者。

但泡菜又是我国从简陋的作坊式模式发展起来的发酵蔬菜加工产品。一家一户的自然发酵制作模式代表了它的古老和传统，耗工耗时以及成败由天的自然发酵模式又十分现实地表明了其制作过程处在不可控或可控性较差的制作环境之中。以制作过程的可控性以及标准化、规范化和周年稳定均衡生产为代表的生产技术模式为传统发酵蔬菜生产现代化指明了一条可期待的光明大道。这其中采用纯菌接种发酵技术无疑是改变这种落后加工方式的理想选择。

然而，作为常规纯接种发酵剂的制备，通常需要利用标准菌种进行活化复壮，再经逐级扩大培养而成，制备过程烦琐复杂且若操作不慎还易造成污染。因而，菌种质量不易控制，仍然存在发酵质量不稳定以及发酵失败的可能。而使用现代技术和高科技制造的冻干型直投式浓缩发酵剂，上述缺陷即可迎刃而解。由于直投式发酵剂活力强、用量少、污染低、便于运输、保藏及使用方便，已成为发达国家发酵剂的首选。

鉴于发酵剂的质量构成主要涉及菌种的质量与活力、发酵剂的制作工艺以及发酵剂产品的形式等，加之目前国内发酵剂市场多为国外企业产品所垄断（价格高达 10 万～15 万元/吨）。因此，开发具有我国自主知识产权的、符合中国国情且价格低廉、性能稳定的高活性浓缩发酵剂已成为包括发酵蔬菜在内的所有发酵食品生产行业急待解决的课题。

沈国华等针对我国传统发酵蔬菜食品的生产现状、发酵剂生产应用与世界先进水平的差距等现实，研发具有用量少、污染低、菌体活力强以及运输、保藏和使用方便的发酵蔬菜食品专用高效浓缩发酵剂生产技术体系，以改变通常需要利用标准菌种进行活化复壮，再经逐级扩大培养成生产用发酵剂的落后发酵剂生产应用方式，为我国传统发酵蔬菜食品专用发酵剂的生产与应用水平迈上一个新的台阶提供技术支持。

第三节　雪菜加工技术

一、缸腌

此方法是浙江最传统的腌制方法，操作简便，适合家庭腌制，目前在浙江农村比较常见。供腌制的容器主要是七石缸。

1. 原料处理　必须选用合格的鲜菜作为原料，原料雪菜要齐根削平，先抖去菜上的泥土（不用水洗），去除草绳和其他捆扎物、黄叶、病斑叶，将菜理顺。然后根部朝上，茎叶朝下，摊晒 3～4 小时，让其自然脱水。在摊晒过程中要防止雨淋、浸水。经过自然脱水处理的雪菜，当日装缸，装不完的，要在地上摊开，不可堆放，以防腐烂变质。待水分失去约 1/5 后腌制，菜梗不宜踏烂，且能促进蛋白质水解成氨基酸等鲜味、香味物质，使成品质地脆、香味浓。

2. 装缸　腌制缸事先要用自来水洗净擦干，并自然晾干。腌制时先在缸底撒一层盐，然后将修整好的雪菜送入缸内，再从四周向中央分批叠放。叠菜的原则是：茎叶朝上稍外倾；根部朝下稍内倾；菜按大小分档；叠放厚薄要均匀、排列紧密。一层菜叠放完毕后，再均匀撒上一层盐。用盐量根据雪菜收获季节、腌制时菜的老嫩、存放时间长短来定。一般每 50 千克冬雪菜加盐 2.5～3 千克，每 50 千克春雪菜加盐 4～6 千克。每层盐撒好后进行踩踏，踩踏的顺序从四周到中央，层层踩实，踩踏用力以出卤为度，尽量减少缸内空气的留存，造成缺氧的嫌气状态，促进乳酸发酵。放盐应固定人员，做到专人放盐，中途不得更改变换。放盐人员应记录缸号、放盐数量、腌制日期、天气等情况。放盐量应做到冬雪菜"上少下多"，春雪菜"上多下少"。

3. 封缸　一缸菜腌满后要加"封面盐"，为 15～20 千克，然后加盖竹板，并加压条石，最后用薄膜封盖，确保密封。封缸前应保证在 6 小时内出菜卤（菜缸口见卤），到菜卤满缸后可以封缸。封缸前先清理缸边及缸内所有的竹片、压石以及菜叶、草绳藤、捆扎物等杂物。

4. 记录和检查　菜腌制好后，认真做好记录，插上标识：注明腌制时间、品种名称、数量、盐度，腌制人和特殊情况（如下雨天收割的雪菜）。雪菜腌过发酵 20 天后，根据腌时的天气情况和菜的嫩老程度、盐量多少检查腌制缸内菜的质量。发现有发黑、变质的雪菜，要及时查明原因，尽快采取措施，以免腌制时间过长而增加损失。

二、坑（池）腌

这种腌制方法特点是腌制容量大，适合规模较大的食品生产企业及种植大户腌制。目前在浙江省内种植区域，食品加工企业均采用这种方式腌制。供腌制的容器主要是土坑或水泥池。雪菜采收后,先除去黄叶、烂叶,抖去泥土,削去根部,然后叶朝下、根朝上摆在地上进行摊晒,待菜略显干瘪,即可腌制。挖掘土坑的地址,食品加工企业多选择在地势高燥、不易进水的地方挖坑(池)作为腌制场地,农户一般选择种菜地附近,就地挖掘。坑的大小视所铺的农膜宽度和腌制雪菜的数量而定,一般坑深 1~2 米、长 3~10 米、宽 1~2 米,坑底窄、坑面宽,并在坑底铺上一层软草,然后铺上两层膜。所用的膜均为食品级的腌制专用膜,膜要用厚膜、新膜、整幅膜,不可用薄膜、旧膜。膜铺好后,先在底层撒上一层盐,然后排菜。第一层菜,要叶朝下根朝上,以防底层农膜被根戳破。自第二层开始至顶面,才是叶朝上根朝下或平铺排放,应注意将雪菜根茎对齐,理顺成把,根茎压叶尖,叶尖压根茎,层层交错。腌时要放一层菜,撒一层盐,并层层用脚踩实。用盐量视腌制季节、腌制时雪菜的老嫩而有差别,一般为每 50 千克加 5~7.5 千克盐,整坑菜的用盐量要分两次投放,在第一次往土坑中排踏雪菜时先投放总用盐量的 80%,第二次是经 24 小时观察,等顶层菜下部 20 厘米处出现菜卤,即可再次用脚踩踏,使菜层完全浸没在卤水之下,然后再撒上余下20% 的食盐作为封顶盐,并覆上封口膜。在封口膜上压上 20 厘米的泥土,使之密不透风,同时再加上其他遮盖物。过数天或2~3 个月后,坑顶下沉,再加盖泥土 20~30 厘米,以确保腌菜处于严密的嫌气状态。

三、瓮腌

这种腌制方式适合家庭腌制,在浙江嘉兴地区较为普遍。

1. 原料处理　选晴天上午露水干后收割,除去老黄叶、削除根部,然后将菜根部朝上、叶朝下摊放于田面进行摊晒,下午即可腌制;如下雨天,则要晾摊 24 小时后再上池。

2. 上池与倒缸(池)　原料处理好以后,就可以上池。

"池"是指水泥池，一般深 1~1.5 米、宽 1~2 米、长 2 米左右，视各家各户种菜的规模而定。"上池"就是将雪菜放入池内，这时应先按菜重计算好食盐用量，一般 50 千克鲜菜要加 3~5 千克盐，即按 6%~10%的配比视采收季节、菜的老嫩灵活掌握。要码一层菜撒一层盐，装入池内，摆码雪菜时应将雪菜根茎对齐，理顺成把，根茎压叶尖，叶尖压根茎，层层交错摆码。装满池后，顶层撒满封口盐，第二天开始倒池，倒池就是将上池的雪菜转入另一个空池，连续倒池 2~3 次后，经 48 小时就可入瓮。倒缸（池）的作用：一是散发热量。雪菜采收后仍然在进行生命活动，会放出呼吸热，雪菜入池后，由于呼吸作用产生大量热量，常导致菜体温度升高，加速雪菜的衰老，同时导致微生物的大量繁殖，造成菜体腐烂变质。通过倒缸可以使这些积聚热随菜体的翻动和盐水的循环而散发，防止雪菜败坏。二是促进食盐溶解。雪菜在腌制时，一般是采取一层菜一层盐的摆置方法，这样食盐只能直接接触局部菜体，溶化不快，也不够均匀。倒缸（池）可以使食盐与菜体及菜体渗出的水分接触面积增大，促进食盐溶化，并使雪菜吸收的盐分均匀一致。三是消除不良气味。雪菜在腌制初期，由于高浓度食盐溶液产生较高的渗透压，使菜体内苦涩、辛辣等物质也随水分同时渗出，通过倒缸（池）散发掉这些气味。

3. 装瓮（坛）　采用陶质小瓮（坛），深 27 厘米，上口半径 10 厘米，底半径 15 厘米，可装上池处理过的雪菜 13 千克左右（腌成后成品菜 11 千克左右）。装瓮就是将上池过的雪菜除去卤汁，放入瓮内，放入时要逐层压实，菜压实后，顶层要撒上一层封口盐并铺上封口膜，再糊上封口泥。封口泥要去掉杂质，用卤水调轫。装瓮后，瓮要移至室内，倒置地面并重叠叠放，但最多只能放 4 层，底层和每层瓮与瓮之间要放上一层砻糠。这样处理过的雪菜可存放 6 个月，如盐量再加重，可放一年。

四、倒笃腌

这种腌制方法是浙江绍兴、金华和杭州部分地区（如富阳）采用的一种腌制方法。这些地区种植的品种与宁波、嘉兴、湖州不同，都是以细叶型雪菜（九头芥类）为主。腌制方法：将采收来的雪菜洗净并晾干，堆放1～2天使其萎瘪，然后切碎（1厘米左右），或整株放在容器内加盐搓揉至微有汁液。加盐量不宜太多，一般每50千克菜放盐量不超过2千克。搓揉后放入容量可装100～150千克菜的陶缸内。方法也是放一层菜加一层盐，逐层踩踏压实，要压出卤汁，至顶面加上封口盐，再用尼龙覆盖，用石块或泥土加压。一般一周后就可食用。如要长期保存（如放一年）应取出再翻缸踩踏一次，除去卤汁，装入小口瓮（坛）内，并尽量排尽瓮（坛）内空气，予以密封，将瓮（坛）在室内倒置存放。

综上所述，可以看出传统雪菜的腌制是采用自然发酵的方法，即在新鲜雪菜中加入较高浓度的食盐，降低水分活度，提高渗透压，从而有选择地控制微生物的活动，抑制腐败菌的生长，使雪菜进行乳酸发酵，其基本工艺流程如下：

```
          挑选、洗涤等      一次或分批添加
            ↓              ↓
新鲜雪菜 → 预处理 → 排菜 → 盐渍 → 踏菜 → 倒缸或池 → 封缸或池
```

雪菜在传统的腌制过程，大部分微生物的生长受到抑制。但还有少量的微生物在生长，其中一些有益的微生物对腌雪菜的风味有一定的贡献。因此，传统腌制的雪菜风味较好。但传统腌雪菜发酵周期长，并且操作工序烦琐，常造成产品质量难以达到统一的标准。为此，人们采用改善乳酸菌生长条件和添加乳酸菌液的方法，并结合现代工业化生产技术，大大缩短了生产周期，简化了生产工序，并提高了产品质量。如赵大云、方祖达和林丽芳等研究了凝结芽孢杆菌应用于雪菜及其他蔬菜的腌制过程中。此外，Etchells 研究了接种菌液来控制黄瓜发酵，并用于工业化生产。Harris 等用双发酵剂——具有 Nisin 抗性的肠膜状明串珠菌和能够产生 Nisin 的乳酸球菌来生产泡制蔬菜。张建军研究了甘蓝乳酸菌发酵和纯接种乳酸发酵，确定了合适的甘蓝乳酸发酵条件，并发现纯接种蔬菜发酵应采用异型乳酸发酵菌。张蕾通过比较自然发酵、自然发酵结合人工纯接种发酵和人工接种发酵 3 种方法对泡菜品质的影响，发现应以自然发酵结合人工接种发酵为宜，并确定了最佳的发酵工艺条件。曾凡坤根据保存原理对四川泡菜腌制的工业化生产进行了研究，从原料的选择、制腌菜容器、混合发酵剂接种、工艺流程、产品质量标准方面进行了探讨，并逐渐在生产上推广使用，取得了较好的经济效益和社会效益。

蔬菜发酵微生物的研究及其在蔬菜腌制过程中的应用，大大推动了蔬菜腌制行业的发展。在此基础上，腌雪菜的加工工艺也取得了较大的发展。20 世纪 80 年代末，在江浙一带已有一些加工厂在传统工艺基础上大规模生产腌雪菜，加工出口已形成批量。

第四节　大叶芥加工技术

大叶芥在中国各地栽培。叶盐腌供食用；种子及全草供药用，能化痰平喘、消肿止痛；种子磨粉称芥末，为调味料；榨出的油称芥子油；本种为优良的蜜源植物。大叶芥在发酵过程中会产生多种风味物质，其挥发性香味成分一直是评价发酵芥菜的一个重要指标。

该品种叶大、纤维少、质细嫩、口感清甜，鲜食、腌制都具有独特风味。用大叶芥泡制的酸菜是酸菜鱼、系列酸菜汤的必需调料，最为人熟悉。其制作方法简单总结如下：芥菜洗干净并晾干水分（如果有阳光的话，也可以在阳光下面晒），加入适量的盐轻轻搓揉进行脱水,然后参照泡菜的制作方法进行泡制。民间为了使发酵过程加快,且使产品的风味更加丰富,可在过程中加入洗米水。

另一种常见的加工制品是霉干菜,这里以金华霉干菜的制作方法简单加以说明。与前面所述相似,霉干菜的大量生产一般都利用菜池进行腌制,选择组织细嫩新鲜、纤维少、无病虫害的大叶芥、九头芥、花叶芥收获后留在田间暴晒1~2天,待表面水分稍干,剔除杂质,洗净,放在干净处风干1天(一般至鲜菜重的40%后入池)。风干后的菜直接或者切成长1厘米的小段(少量),按照每100千克加3~3.5千克盐的比例,入池时一层菜撒一层盐的传统腌制方式。量少的话,可以拌匀搓揉,置于腌菜缸或腌菜池内压紧,上面用竹片、石块镇压、覆膜。霉干菜腌制5~7天,冬春季气温较低时时间视实际情况有所加长,选择晴天从缸或池中捞出并挤干水分晒干,此次晾晒脱去75%~80%的水分,即为半成品霉干菜。腌制时间不宜过长,否则影响口感。第二次晾晒后的菜坯应立即进入干净的菜池、缸或坛中密封后熟。即按每100吨菜坯加食盐3~4千克。铺装和密封方法与腌制过程相同。后熟时间,若气温高,则需6~7天;若气温低,则需15~20天。后熟后取出即为成品,可直接上市,也可用聚乙烯膜包好置于阴凉干燥处,长期存放。蒸煮后熟好的成品可继续蒸煮后晾干。经过蒸煮的霉干菜色泽更加美观,香气也更为浓郁,可采用小袋分装上市。

第五节　大头菜加工技术

大头菜营养丰富,与其他绿色蔬菜相比,蛋白质、氨基酸、维生素A、维生素C和胡萝卜素含量特别高。丰富的营养成分使得大头菜具有较强的生理活性,参与机体氧化还原过程增加大脑含氧量,因而能够提神醒脑、缓解疲劳。另外,大头菜还具有很高的药用价值，具有清热解毒、抗菌消肿、生津开胃、下气消食、温脾暖胃、利尿除湿等功效。何珺等采用色谱法检测出大头菜种子中的萝卜硫素含量为 17.4 微克/克。萝卜硫素不仅具有杀死癌细胞的功效，还具有抗菌、提高机体免疫力和抗氧化能力的效果。大头菜采收期主要集中在低温时节，新采收的大头菜辣味和苦味比较重，口感欠佳，加工成腌制品或者酱制品后味道更佳。但是，传统腌制工艺周期太长，且多为高盐腌制，不能满足现代消费要求，并且腌制好的大头菜经过脱盐后包装，产品质量不稳定，容易受杂菌污染，还导致维生素、氨基酸、风味物质等营养成分的严重损失。

关于大头菜的腌制工艺，国内研究主要包括发酵菌和腐败菌的鉴定及其在发酵过程中的功能研究；乳酸菌剂的开发；腌制工艺的改进；保脆及储藏保鲜技术以及对腌制大头菜感官品质、亚硝酸盐、挥发性风味物质的影响等方面的研究。国外对腌制大头菜研究极少，大多是对新鲜大头菜的品质、硫代葡萄糖苷及其衍生形式异硫氰酸酯以及代谢特征等光学和分子生物学的研究。

一、腌制工艺

作为腌制加工的大头菜，要求肉质根皮厚而硬，致密坚实，水分少，不糠心，无软腐，无虫蚀，菜头单重在 0.2 千克以上。比较常见的加工工艺流程如下：鲜菜-修整-腌制-切块-压榨-拌料装坛-封口成熟-成品。

制作方法：削去大头菜叶柄基部及尾根、须根。洗净入池腌制，撒盐时要求上多下少，层菜层盐，分布均匀，层层压紧至满后撒盖面盐。3 天后补加盐水，封池腌制 30 天左右。其间不断抽卤循环，将腌过的咸坯削去皮，在咸坯的正面斜刀锲一遍，再将咸坯翻过来，用直刀锲一遍，反刀纹与正刀纹交叉，呈斜十字刀纹，两面的刀纹深度均为 4/5，呈厚蓑衣状。

将分等整形的菜块在澄清的菜卤中淘洗干净，然后装入榨箱缓缓压榨，菜坯脱水回收率为 75%。将混合香辣粉、辣椒酱、芥菜粉等辅料拌和均匀后再与压榨后的菜坯拌和均匀，装入菜坛，层层捣实，装满封口后移至阴凉处后熟一个月即为成品。储存期间避免日晒雨淋。

可见，大头菜的传统自然发酵腌制工艺多为半固态发酵，利用原料附着、水和环境中含有的乳酸菌，在常温、高盐量的条件下进行发酵。传统腌制工艺发酵时间较长，产品质量可控性差。经过世世代代的传承与发展，腌制工艺逐渐多样化使腌制蔬菜逐渐向着有利于人们身体健康的方向发展。

（一）多轮增香发酵

普通榨菜加工是在新鲜蔬菜入池时加入微粉碎的天然香料和盐一起进行多次盐渍发酵渗香，制备出发酵半成品后进一步包装杀菌形成成品；而多轮增香发酵是在普通榨菜加工基础上，包装杀菌工序前加入特殊的调味工序进一步增加产品的香味而得名。将多轮增香发酵工艺应用到大头菜腌制过程中，可以大大提高腌制大头菜品质。但多轮增香发酵工艺更为复杂，不利于生产效率的提高和生产工艺的标准化。

（二）低盐发酵和二次接种发酵

与前面所述相似，通过接种乳酸菌可以大大提高大头菜腌制效率和产品安全性。研究发现，随着接种次数的增加，发酵后期维持的乳酸菌含量越高，后期熟化阶段乳酸菌成为优势菌可以加快后熟的完成，二次接种保证了较高的乳酸菌含量，显著抑制了低盐腌制条件下腐败菌的生长，有利于缩短整个腌制过程，提高生产效率和提高产品品质。另外，乳酸菌发酵产生大量乳酸，使体系维持在较低水平的 pH，可以抑制杂菌污染，保证后熟阶段的安全。

（三）真空浸渍

以适当盐浓度的浸渍液为介质，真空状态下浸渍能够显著提高大头菜腌制速度。李慧等对三腌之后的大头菜进行真空浸渍处理，研究真空盐渍对大头菜腌制过程中品质变化的影响。研究结果表明，腌制速度得到显著提高，但其总酸和氨基酸态氮含量较传统工艺低，亚硝酸盐含量在两种工艺下都相对较高，测得挥发性成分种类27种，比传统工艺大头菜少了4种，挥发性成分上也不尽相同。说明该真空浸渍条件下，高盐分阻碍了微生物代谢和相关的酶促反应，使得微生物发酵作用微弱，不利于大头菜品质的提高，需要改进工艺参数，给微生物发酵提供良好条件。

(四) 耐低温乳酸菌发酵

耐低温乳酸菌发酵能够使腌制体系中亚硝峰出现的时间推迟，同时也能够降低亚硝峰值。余文华等在一次加盐一次接种的工艺条件下，研究耐低温乳酸菌在不同温度条件下对发酵泡菜总酸、pH和亚硝酸峰值的影响。发现发酵温度降低的过程中，亚硝酸出峰时间不仅往后推迟而且峰值也有所下降，原因是发酵温度越低越不利于乳酸菌的快速繁殖，乳酸菌产乳酸速度变慢，分泌亚硝酸盐还原酶往后推移，亚硝酸盐降解速度变慢使得亚硝酸峰出现的时间推迟，但由于发酵温度的降低乳酸菌之外的杂菌变少，总体上减少了亚硝酸盐的合成量，所以亚硝酸峰值也会降低，并且发酵最终样品亚硝酸盐含量在3种发酵温度条件下均＜2毫克/千克，符合现有酱腌菜卫生指标要求（国家标准≤20毫克/千克）。该低温腌制工艺的含盐量为8.3%～11.6%，如果进一步降低含盐量，将更有利于人体健康。

二、腌制技术

大头菜在腌制过程中，发酵体系中腐败菌的生长和腌制速度与微生物的产酸速率直接相关。产酸越快，对腐败菌的抑制效果越强，发酵就会朝着更有利方向进行。另外，部分腐败菌能将腌菜中含有的硝酸盐转化成亚硝酸盐，而亚硝酸盐容易同腌制体系中游离氨基酸反应生成强致癌作用的亚硝胺。因此，抑制腌制过程中产生的有害微生物，对保证产品的安全十分重要，腌制大头菜的败坏主要由耐高温的芽孢杆菌（*Bacillus* sp.）、球菌、耐盐耐酸较强的霉菌和酵母菌生长繁殖引起的。这些有害微生物在腌制大头菜生产和储藏过程中应尽量避免。

（一）保鲜杀菌技术

因大头菜腌制产品营养物质丰富，虽有乳酸菌作为优势菌群存在，但加工和储藏过程中容易受杂菌污染，有害微生物的繁殖是大头菜腐败变质的根本原因，一定的杀菌、抑菌等保鲜处理有利于保持大头菜产品品质和延长其货架期。目前，用于大头菜腌制产品的保鲜技术主要有巴氏杀菌、超高压杀菌、超声波杀菌和微波杀菌等杀菌技术；化学防腐剂和天然防腐剂等抑菌技术以及低温冷藏和真空包装能够部分抑制有害菌的污染和繁殖。

大头菜产品杀菌主要是利用高温、微波热效应和非热效应、超高压等对有害菌的致死作用。采用85℃、15分钟巴氏杀菌处理，能有效控制低盐产品的微生物增长速度，从而延长货架期。但该杀菌方式会对腌制品色泽、脆度等感官品质带来不利影响。采用超高压技术对腌制类蔬菜产品进行处理，杀菌效果显著，低温条件下储藏期可得到提升，在产品颜色、硬度、咀嚼性方面，超高压处理与未处理的差异能够迅速消失，超高压杀菌技术结合腌制蔬菜的低酸环境，使得杀菌效率大大提高，并且不会破坏腌制蔬菜的营养成分，对感官品质也几乎没有任何不利影响，是大头菜等腌制类食品杀菌的最优选择。热效应主要是快速升温达到杀菌作用；而非热效应则是使食品中微生物体内蛋白质和生理活性物质发生变异，从而丧失活力或者死亡，微波杀菌的温度低于常规热处理方法，故具有较好的杀菌效果。比较巴氏杀菌、微波杀菌和超声波杀菌3种杀菌方式对低盐大头菜品质的影响，结果发现，巴氏杀菌和微波杀菌均未发生涨袋，但巴氏杀菌因高温效应的影响，感官品质和硬度最差，色泽更深，而超声波处理的大头菜涨袋率较高，但硬度最佳。3种杀菌方式中，微波杀菌效率仅次于巴氏杀菌，远高于超声波杀菌，且微波杀菌的亚硝酸盐峰值最低。所以，低盐大头菜的最适杀菌方式为微波杀菌。

腌制蔬菜中常用化学防腐剂主要有苯甲酸及其钠盐、山梨酸及其钾盐等，但这些化学防腐剂抑菌效果并不理想，某些商家会通过加大添加量来增强抑菌效果，从而带来严重的食品安全隐患。有研究表明，复配防腐剂对芽孢杆菌、球形赖氨酸芽孢杆菌有良好的抑制效果，但仍不能实现对食品中所有致病菌产生抑制作用，从而不利于食品的长期保鲜。而天然防腐剂因具有水溶性好、抗菌性强、抑菌光谱、安全无毒等优点而优于化学防腐剂，是食品、生活用品等行业防腐剂开发的一个重要方向。多项研究结果表明，为达到同样改善泡菜品质的效果，生物防腐剂用量远远小于化学防腐剂的用量，使用生物防腐剂更加安全有效，消费者接受度更高。

（二）保脆技术

大头菜在腌制过程中，随着蛋白质等物质的降解以及其他生理生化反应，其内部组织会逐渐软化，质地也会不断变化，并逐渐影响腌制菜的口感。为了保持其清脆可口的口感，一般会在腌制过程中加入具有保脆作用的物质，如氯化钙、乳酸钙、丙酸钙等。保脆剂中的 Ca^{2+} 通过激活蔬菜中的果胶甲酯酶，使蔬菜中的果胶转化成甲氧基果胶，并进一步作用生成不溶性的果胶酸钙，进而改变了高分子聚合物的摩尔质量和线状或分支状聚合物的结构，并通过填充细胞间隙增强细胞间的衔接，产生凝胶作用使蔬菜变脆，在保持产品良好脆度和感官上，复合保脆剂优于单一保脆剂。另外，腌制原料种类、食盐浓度、发酵温度和发酵时间等因素的不同，人工接种乳酸菌发酵试验对于其脆度的影响也会不同，适当的高盐预腌及加热前处理也会增加腌制蔬菜的脆度。

三、腌制微生物

以乳酸菌为主的微生物发酵在蔬菜腌制过程中发挥着十分重

要的作用。乳酸菌尤其是肠膜明串珠菌作为启动发酵的主要菌株，利用大头菜的糖分和蛋白质等营养物质逐渐繁殖代谢，先经过乳酸发酵，为发酵体系建立酸性的环境，随着总酸的不断积累，能够有效抑制有害菌的生长，同时进一步促进其他乳酸菌（短乳杆菌和植物乳杆菌）的生长，直至植物乳杆菌大量繁殖成为发酵主导菌，乳酸量继续累积反馈抑制了植物乳杆菌的生长。此时，耐酸性强的发酵性酵母菌开始发酵利用腌制体系中的小分子成分合成香味物质增香。

腌制大头菜的香味和滋味既有大头菜原料和加工辅料本身具有的，也有在腌制过程中通过微生物和酶的作用发生的一系列变化形成的。在大头菜腌制过程中，微生物将碳水化合物、蛋白质分解成乳酸、乙醇、醋酸、二氧化碳、氨基酸态氮等物质，并进一步生成酯类、酚类、烯类等赋予了大头菜特殊的香味和滋味，同时发酵过程中产生的有机酸与醇、醛、酮等物质相互作用形成了一些新的呈味物质；与脱盐工艺和传统自然发酵工艺不同，低盐新工艺腌制大头菜从源头上降低了食盐含量，很多不耐盐的微生物能够生长代谢，产生丰富的酶类，从而催化了更多的风味物质生成，给大头菜腌制品带来更好的香味和滋味，因而低盐化发酵环境下制得的腌制产品品质更佳。

四、展望

大头菜在以乳酸菌主导的微生物及其酶系的复杂而又奇妙的发酵作用下，给大头菜腌制品带来了酸爽脆甜、色泽纯正、清香可口、营养少盐的品质。但是，大头菜腌制长期存在着行业标准滞后、生产工艺落后以及精细化、机械化程度低等问题，造成了产品质量较差且参差不齐等不良现象，不能满足消费者对健康饮食的需求。随着时代发展以及消费趋势的发展，低盐混合乳酸菌腌制已经成为腌制行业的热点问题，如何在低盐条件下发挥好微生物发酵作用成为研究关键，未来大头菜腌制的研究主要包括以下 5 个关键方面：

1. 大头菜质构特性变化的机理研究，主要研究大头菜硬度、脆性等质构特性的变化与发酵温度、发酵时间、含盐量以及其他添加成分的相互关系，优化腌制工艺，提高腌制大头菜感官品质。

2. 筛选适用于腌制大头菜发酵的耐较低温度的乳酸菌或保健功能菌，纯化后进行复配优化，接种发酵，扩大发酵微生物的优良菌源，提高发酵品质，从而提高大头菜腌制产品供给质量；并研究在发酵的不同时期接种不同的功能菌，从接种次数和接种不同功能菌株方面，丰富大头菜产品品质，提高大头菜腌制产品多样化供给，满足不同层次的消费需求。

3. 以感官品质、理化品质、特殊挥发性成分或者发酵过程中某种关键物质成分（如氨基酸态氮）为导向，采用新技术（如高通量测序技术）手段研究探明腌制大头菜中关键微生物或者微生物群落多样性与导向物质之间的演替规律，从而丰富相关理论基础，指导实践，改进工艺。

4. 大头菜等根系类农产品的腌制工艺不同于泡菜的腌制加工，因为泡菜的腌制体系是浸泡在发酵液中的，而大头菜的腌制是靠物质之间的渗透作用进行物质的传递。研究大头菜腌制过程中，微生物群落部位布局的变化规律及其与品质之间的关系，从而调整优化大头菜放置形状或者腌制容器，进行工艺创新和设备创新，从而提高发酵效率，改善产品品质。

5. 利用优质乳酸菌剂，结合低盐（整体加盐量不超过 7%）和低温环境（发酵温度低于 15℃），开创低温低盐腌制技术，实现核心参数精确化，并使其工艺标准化及生产自动化。改变以往作坊式生产方式，实现机械化自动化生产，节约人力，提高生产效率和生产稳定性，提高产品供给质量和数量，增加市场配额，使腌制蔬菜成为食品行业新的经济增长点。

第六节　宽柄芥加工技术

高菜具有独特的辛香味，适合腌制加工。目前，高菜已成为浙江加工腌制菜出口日本及东南亚的主要品种。加工后的高菜质地鲜嫩，纤维细短，色泽金黄，质脆味香，富含人体所需的多种氨基酸和维生素。浙江宁波地区自20世纪90年代引进三池赤缩缅高菜以来，已有670公顷的种植规模。高菜平均每亩产鲜菜5 000～6 000千克，产值在1 500元以上，是本地进行结构调整、发展外向型农业的理想品种之一。

传统腌制高菜一般是利用10％～15％食盐腌制，再经脱盐、脱水、调味等一系列工序制成。一方面，高盐度会抑制乳酸菌的生理代谢活动，导致乳酸发酵缓慢，风味不足，生产周期长，设备利用率低；另一方面，由于腌制时菜体盐度高，后续加工过程需要流动水脱盐、压榨，造成营养物质和风味的流失。随着人们对健康饮食的日益关注，高盐腌制的弊端日益突显，腌菜正向着"安全化、低盐化、营养化、方便化"的方向发展。

第六章　榨菜生产机械化装备

近年来，浙江榨菜的常年栽培面积稳定在 40 万亩左右，是大宗优势农产品之一，榨菜产业已经形成大生产、大流通、大市场的产销格局。近年来，榨菜生产人工成本高和"用工荒"问题开始显现，榨菜产业对机械化装备的需求明显增加。本章主要针对榨菜大田栽培模式，从种子加工机械、耕整地机械、种植机械、大田管理机械、收获机械和加工机械 6 个方面介绍榨菜生产机械化技术，阐述总体机构和工作原理，推荐榨菜生产参考机型。

第一节　种子加工机械

榨菜种子收获后，需要经过一系列的加工，经过加工的种子可以明显提高种子的净度和发芽率，也可以提高后续机械播种质量，更有利于防治病虫害和达到播后苗齐苗壮，是种子商品化过程中不可缺少的重要环节。榨菜种子加工机械主要包括种子清选机、种子包衣机和种子计量包装机。

一、种子清选机

种子清选是种子加工过程中必要的工序，其目的是清除夹杂物，如碎茎叶、颖壳、泥沙、草籽和其他作物种子等，以及大于或小于所规定尺寸范围的种子和较轻的籽粒种子。种子清选机主要包括风筛式清选机、窝眼式清选机和比重式清选机。

（一）风筛式清选机

1. 总体结构和工作原理　风筛式清选机主要由喂料系统、除轻质系统、筛选系统、后提升系统、出料系统等组成，结构如图 6-1 所示。工作时，以气流为介质，根据榨菜种子与混杂物料空气动力学特性差异和物料几何尺寸差异进行分选及筛选，轻杂质和病变种子通过气流被吸入沉降室排出；种子经过筛选系统将大小厚度杂物分离出来。

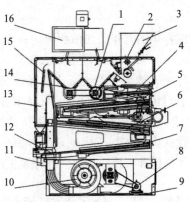

图 6-1　风筛式清选机结构

1. 前沉降室　2. 喂料搅拌器　3. 喂料斗　4. 前筛　5. 上筛　6. 下上筛
7. 下下筛　8. 电机　9. 机架　10. 下吹风机　11. 主出料口　12. 气浮筛
13. 后吸道　14. 后沉降室　15. 可调吸风罩　16. 上吸风机

2. 参考机型

奥凯种子机械 5XL－100 型蔬菜花卉清选机

外形尺寸（长×宽×高，毫米）　　1 270×1 100×2 110

进料高度（毫米）　　　　　　　　　　　1 650

配套动力（千瓦）　　　　　　　　　　1.1+0.75

偏心距（毫米）　　　　　　　　　　　　　15

生产率（千克/小时）　　　　　　　　　100

(二)窝眼式清选机

1. 总体结构和工作原理 窝眼式清选机主要由进料口、排料口、机架、窝眼筒和小物料螺旋输送器组成,结构如图6-2所示。工作时,物料进入窝眼内,当物料长度小于窝眼直径,其将陷入窝眼内并随筒旋转上升到一定高度,因重力而坠落进入集料槽,再由螺旋输送器排出;未进入窝眼的物料,则沿筒内壁呈螺旋线轨迹后滑移进入而排出窝眼筒。

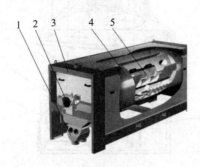

图6-2 窝眼式清选机结构

1. 排料口 2. 进料口 3. 机架 4. 窝眼筒 5. 小物料螺旋输送器

2. 参考机型

奥凯种子机械5XW-100型窝眼清选机

外形尺寸(长×宽×高,毫米)	2 272×866×1 756
窝眼筒直径(毫米)	500
配套动力(千瓦)	0.75
窝眼筒长度(毫米)	1 207
生产率(千克/小时)	100

(三)比重式清选机

1. 总体结构和工作原理 比重式清选机主要由吸风管、振动筛体、风机和进料口组成,结构如图6-3所示。比重式清选机主要工作部件是一个双向倾斜的三角形振动筛面，筛面由曲柄连杆机构或者振动电机驱动，产生纵向振动。工作时，气流从筛面孔眼下方沿一定方向吹出，气流速度使得较轻的物料处于半悬浮状态，而重的物料处于下层并沿筛面向上移动。

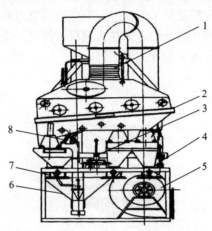

图6-3　比重式清选机结构

1. 吸风管　2. 振动筛体　3. 横向倾角调节装置　4. 纵向倾角调节杆
5. 风机　6. 进料斗　7. 出料斗　8. 弹簧

2. 参考机型

奥凯种子机械5XZ－100型比重式清选机

外形尺寸（长×宽×高，毫米）　1 650×1 425×1 700

配套动力（千瓦）　　　　　　　　　2.75

生产率（千克/小时）　　　　　350（±10%）

二、种子包衣机

种子包衣是指利用黏着剂或成膜剂，将杀菌剂、杀虫剂、微肥、植物生长调节剂、着色剂或填充剂等非种子材料，包裹在种子外面，以达到种子呈球形或者基本保持原有形状，提高抗病性，加快发芽，促进成苗，增加产量。

1. 总体结构和工作原理　种子包衣机主要由进料口、种子抛洒、药液雾化机构、搅拌滚筒、药液计量供给系统组成，结构如图 6-4 所示。工作时，精选后的种子送入进料口，种子经拨料辊二次抛洒后均匀进入药种混合室，同时药箱内的种衣剂通过过滤器按照调整好的药种比，将药液喷洒到高速旋转的甩盘上，药液在高速离心力的作用下雾化，与正在下落的种子充分混合，在重力的作用下进入转动的搅拌输送滚筒，搅拌好的种子进入滚筒末端的气籽分离器，种子自由下落，完成包衣作业。

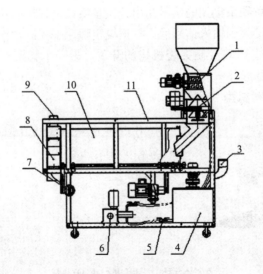

图 6-4　种子包衣机结构

1. 进料口　2. 种子抛洒、药液雾化机构　3. 加药口　4. 药箱
5. 阀门　6. 计量泵　7. 升降把手　8. 气籽分离器
9. 排气口　10. 搅拌输送滚筒　11. 机架

2. 参考机型

南京农牧 5BY - 500BJ 型种子包衣机

外形尺寸（长×宽×高，毫米）	2 510×800×2 600
包衣合格率（%）	≥98
配套动力（千瓦）	1.7
种药配比调节范围	1：（20～120）
生产率（吨/小时）	3

三、种子计量包装机

1. 工作原理 通过压力传感器，将称重斗内种子质量对压力传感器的应变量转为电信号后输入称重控制仪，称重控制仪根据设定参数和采集到的信号输出开关量给可编程控制器，可编程控制器在接收到输入信号后，根据设定程序来控制动作。一个脚踏开关通过 PLC 控制夹袋机构的开关，另一个脚踏开关直接点动缝包机的起停。

2. 参考机型

奥凯种子机械 DCS - 50 型种子计量包装机

最大称量（CADA，千克）	60
称量误差（克）	±30
配套动力（千瓦）	3
生产率（包/小时）	180～300

第二节　耕整地机械

耕整地机械化技术是最基本的农田作业机械化技术，为后续机械播种、移栽作业做好准备基础，对耕深、土壤细碎度、畦面平整度、畦面坚实度、畦形直线度都有较高的要求。榨菜耕整地主要包括耕翻、施基肥、旋耕碎土、作畦、整形等作业环节，机械主要包括耕翻机械、基肥撒施机械、旋耕机械和作畦机械。

一、耕翻机械

（一）翻转犁

榨菜作畦作业前一般要进行翻耕处理，保证榨菜生长土壤耕层厚度。蔬菜翻耕一般采用翻转犁，可以把前茬作物残茬和失去结构的表层土壤翻埋，将地表肥料、杂草连同表层草籽、病菌和虫卵一起翻埋到沟底，改善土壤物理化学性质，提高土壤肥力。

1. 总体结构和工作原理 目前，翻转犁可分为机械式、气动式和液压式3种。其中，液压式应用最为广泛，故以液压翻转犁为例进行介绍。液压翻转犁一般由犁架、犁体、犁柱、限深轮、翻转液压缸、牵引架等组成，具体结构如图6-5所示。工作时，液压翻转犁与拖拉机配套使用，由双联分配器控制犁的翻转，通过油缸中活塞杆的伸长和缩短带动犁架上正反向犁体作水平面内的垂直翻转运动，来回交换直至更换到工作位置。

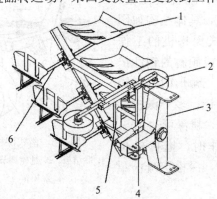

图 6-5 液压翻转犁结构
1. 犁体 2. 限深轮 3. 牵引架 4. 翻转液压缸 5. 犁架 6. 犁柱

2. 参考机型

马斯奇奥 UNICO-S 型液压翻转犁

梁架尺寸（毫米）	110×110
犁体间距（厘米）	85
配套动力（马力①）	50～150
梁下间隙（厘米）	75
犁体数（个）	2～4

（二）深松机械

榨菜地长期种植后形成较厚的犁底层，土壤的蓄水保墒能力、通风透气性能变差。因此，需要间断性深松一次。深松作业只松土不翻土，可以疏松耕作层以下 5～15 厘米的坚硬心土，既保持了耕层土壤的肥力，又使犁底层得到疏松。目前，常用的深松机主要有凿式深松机、翼铲式深松机、全方位深松机和宽铲式深松机等，生产的型号较多，本部分仅以凿式深松机为例进行介绍。

1. 总体结构和工作原理

凿式深松机主要由犁架、犁体、犁柱、限深轮、翻转液压缸、牵引架等组成，具体结构如图 6-6 所示。凿式深松机的工作部件是由弯曲或倾斜的钢性铲柱和带刃口的三角形耐磨钢铲头组成的深松铲，多个深松铲排列呈人字形，耕深可达 30～45 厘米。工作时，拖拉机带动深松机前进，深松铲疏松犁底层土壤。

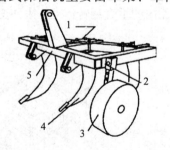

图 6-6 凿式深松机结构
1. 联结板　2. 地轮调节孔　3. 限深轮
4. 深松铲　5. 机架

---

① 马力为非法定计量单位。1 马力≈735 瓦特。

2. 参考机型

双永 1S-230 型凿式深松机

耕幅（厘米）	230
深松深度（厘米）	25～30
配套动力（千瓦）	73.5～88.5
纯生产率（公顷/小时）	0.4～0.53
外形尺寸（长×宽×高，毫米）	1 200×2 750×1 280

二、基肥撒施机械

榨菜在播种或者移栽之前需要施足基肥，在整地前施入田间，满足榨菜种植需要。根据榨菜施肥新技术，基肥一般以有机肥为主（羊栏肥、土杂肥）。根据有机肥形态，在实际应用中榨菜基肥撒施机械为有机肥撒施机。

1. 总体结构和工作原理　有机肥撒施机一般由履带自走底盘、链板输肥机构、圆盘撒肥机构、液压转向机构、出肥口开合机构、肥箱及动力传动系统等组成，具体机构如图 6-7 所示。动

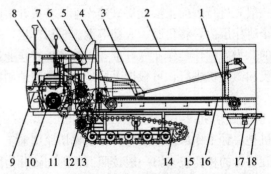

图 6-7　有机肥撒施机结构

1. 转向控制杆　2. 挡位把手　3. 离合控制杆　4. 控制面板　5. 座椅
6. 出料口开度调节机构　7. 肥料箱　8. 挡板　9. 圆盘撒肥机构　10. 液压马达
11. 链板刮肥机构　12. 机架　13. 履带行走底盘　14. 过渡带轮　15. 减速箱
16. 液压泵　17. 汽油机　18. 前面板

力由汽油机提供，转向机构为液压转向，动力由链条传到变速箱经过变速换向后传递给圆盘撒肥机构。工作时，肥料通过链板输肥机构向后输送，落至撒肥圆盘上，撒肥圆盘高速旋转将肥料均匀撒至田中，肥箱末端由连杆开度调节机构可根据需肥量调节出肥口开度，可实现定量施肥。

2. 参考机型

天盛机型 2FZGB 型自走式撒肥机

肥料斗容积（立方米）	1～6（大小可定做）
撒播幅宽（米）	6～12
配套动力（马力）	60
重量（千克）	3 300
外形尺寸（长×宽×高，毫米）	4 200×1 850×2 000

三、旋耕机械

土壤细碎、平整是保证榨菜生产一致性的先决条件，榨菜在作畦之前一般先进行表面土层旋耕破碎作业，将残茬清除并将其混合于整个耕作层内，将化肥、农药等混施于耕作层，达到碎土平地的目的，为后续作畦作业做好准备。榨菜旋耕作业通常采用卧式旋耕机和微耕机进行，可根据不同地块规模因地制宜地进行选择。

（一）卧式旋耕机

旋耕机是一种工作部件主动旋转，以铣切原理加工土壤的耕耘机械。旋耕机的种类较多，一般按照刀轴的配置分为卧式旋耕机和立式旋耕机，卧式旋耕机的刀轴呈水平方向配置，使用较为广泛。

1. 总体结构和工作原理 卧式旋耕机主要包括了传动结构、作业结构和辅助结构三大部分，旋耕刀轴上的刀片是按照多头螺旋线的形式分布安装，结构如图 6-8 所示。旋耕刀轴的刀片按照形式，可以分为直角刀、弧形刀、凿型刀、弯刀等，每种刀具具备各自的使用特点，应根据榨菜种植土壤性质合理选择。工作时，拖拉机通过传动结构传递给旋耕刀轴，旋耕刀轴的旋转方向通常与行进方向一致，通过旋耕刀片将土层向后方切削，土壤会因惯性力被抛洒到后方的托板及罩体上，使土壤实现进一步的细碎。

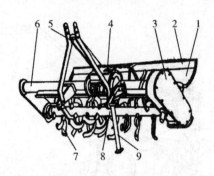

图 6-8　卧式旋耕机结构

1. 挡土罩　2. 平土拖板　3. 侧边传动箱　4. 齿轮箱　5. 悬挂架
6. 主梁　7. 旋耕刀　8. 刀轴　9. 支撑杆

2. 参考机型

宁波拿地 ZS/D 135C 系列旋耕机

装刀数量（个）	1～6（大小可定做）
工作幅宽（厘米）	135
配套动力（马力）	45～110
重量（千克）	490
作业深度（厘米）	22

（二）微耕机

微耕机大多采用风冷汽油机或水冷柴油机作为动力，功率不大于 7.5 千瓦，皮带或链条式齿轮箱作为传动装置，配以耕作宽度为 500～1 200 毫米的旋耕刀具，经济性较好，结构较为简单，可用于小地块榨菜种植地区。

1. 总体结构和工作原理 微耕机一般由发动机、变速箱、扶手、旋耕刀片、挡泥板和阻力棒等组成，结构如图6-9所示。动力通过传动部分将动力传入变速箱，变速箱通过齿轮啮合将动力进一步传到驱动轮轴，驱动轮轴直接驱动工作部件进行旋耕作业。

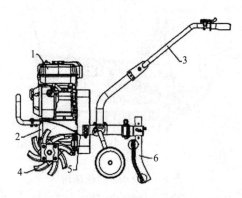

图6-9 微耕机结构

1. 发动机 2. 变速箱 3. 扶手 4. 旋耕刀片 5. 挡泥板 6. 阻力棒

2. 参考机型

本田 FJ500 型微耕机	
最大功率（千瓦）	3.05
工作幅宽（厘米）	90
耕深（厘米）	≥10
重量（千克，不含工作部件）	60
外形尺寸（长×宽×高，毫米）	1 395×900×1 080
小时生产率［公顷/（米）］	≥0.04

四、作畦机械

作畦机械是榨菜精细化整地环节中不可缺少的关键机械，可有效满足榨菜育苗苗床和大田定植对畦面平整度、畦面坚实度的要求。榨菜种植畦宽一般为 1.2～1.5 米，与移栽机械和播种机的参数相匹配。目前，蔬菜作畦机按照配套动力，可分为微耕机配套型和大中马力拖拉机配套型，根据榨菜种植模式可以合理选择。

（一）微耕机配套型作畦机

采用微耕机作为作畦机的配套动力，结构较为紧凑轻盈，操作简单但较为辛苦，适合小地块榨菜种植。

1. 工作原理　采用微耕机为配套动力，将动力传递至刀辊上，刀辊通常在中间部位布置旋耕刀片，两端设有作畦刀片，通过刀辊的转动带动旋耕刀切削土壤，同时作畦刀将切出的土块甩至畦中间区域集中，再利用作畦整形板镇压畦沟的侧边，完成畦形的整理。

2. 参考机型

井关 MSE18C 型作畦机	
畦顶宽（厘米）	110～120
畦底宽（厘米）	140～160
畦高（厘米）	15
生产率（公顷/小时）	≥0.1

（二）大中马力拖拉机配套型作畦机

大地块榨菜种植一般采用牵引式大中马力拖拉机配套型作畦机，动力由拖拉机后输出轴输出，体积较大，所需配套动力大，作业效率高。

1. 总体结构和工作原理　大中马力拖拉机配套型作畦机主要由机架、传动系统、旋耕机工作部件、作畦刀辊和罩盖等部分组成，整机结构如图 6-10 所示。作畦机通过三点悬挂连接在拖拉机后，利用高速旋转的起垄刀片作为工作部件对土壤进行碎土并推土成畦。工作时，通过拖拉机的动力输出轴传递至变速箱，经减速后驱动旋耕作畦刀轴旋转，固定在刀轴上的起垄刀片旋转直接击碎泥土，从而起到旋耕松土的作用。同时，作畦刀片从两边螺旋分布，刀片旋转时将泥土推向中间并在仿形作畦板的作用下形成垄畦，从而达到作畦目的。

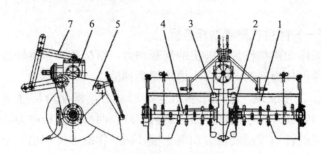

图 6-10　大中马力拖拉机配套型作畦机结构
1. 作畦仿形板　2. 防漏耕犁　3. 旋耕刀　4. 作畦刀辊
5. 罩壳　6. 变速箱　7. 悬挂架

2. 参考机型

成帆农业装备 1ZKNP－120 型作畦机

畦距（厘米）	≥120
畦顶宽（厘米）	80～100
畦高（厘米）	20～30
工作效率（亩/小时）	3～5
外形尺寸（长×宽×高，毫米）	1 700×1 400×1 300

第三节　种植机械

榨菜种植是榨菜生产的关键环节，需按照榨菜农艺要求进行种植，为齐苗、壮苗和增产做好基础。目前，榨菜种植存在育苗移栽和直播两种模式，涉及相关的种植机械主要包括穴盘育苗播种机、移栽机械和直播机械。

一、穴盘育苗播种机

穴盘育苗与传统育苗相比具有出芽率高、幼苗根系好、无缓苗期等优势,穴盘育苗播种机是实现穴盘育苗的关键机械之一。穴盘育苗播种机械按照原理,可分为机械式和气吸式。目前多采用气吸式,气吸式移栽机按结构形式,又可分为针式穴盘播种机、板式穴盘播种机和滚筒式穴盘播种机。

(一) 针式穴盘播种机

1. 总体结构和工作原理　针式穴盘播种机主要由电机、机架、传动机构、播种装置、打洞装置和 PLC 控制板等组成,结构如图 6-11 所示。工作时,穴盘置于传动机构上,当移动到打洞光电开关处,光电开关线被挡住发生感应,可编程控制器检测到该信号并控制打洞作业;穴盘继续移动,当移动到播种光电开关处,可编程控制器控制播种气缸工作;当气针位于种子盒上方,气针处于吸气状态,吸附种子;当气针位于落种套筒上方,气针处于排气状态,吹落种子;种子经下落管和接收杯落在育苗盘上进行播种,吸嘴自动重复上述动作进行连续播种。

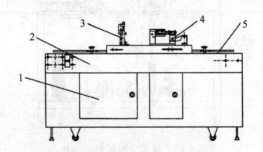

图 6-11　针式穴盘播种机结构

1. PLC 控制板　2. 机架　3. 打洞装置

4. 播种装置　5. 传动机构

2. 参考机型

矢崎 SYZ-300W 型精密育苗播种机

穴盘行数	8～14
穴盘最大宽度（厘米）	30
播种粒数	1粒、2粒、3粒可调
工作效率（盘/小时）	60～700
外形尺寸（长×宽×高，毫米）	1 920×600×1 050

（二）板式穴盘播种机

1. 总体结构和工作原理　板式穴盘播种机是目前应用较为广泛的机型之一，一般由机架、种盒、排种器、风管和真空泵等组成，结构如图 6-12 所示。工作时，先将播种盘置于种盘，将种子吸上种盘，然后拉动种盘使其运动到穴盘上方，此时触动真空泵反向开关，将种子播入穴盘，一次工作可播完整个穴盘。

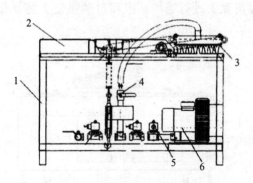

图 6-12　板式穴盘播种机结构
1. 机架　2. 种盒　3. 排种器　4. 风管
5. 气流阀　6. 真空泵

2. 参考机型

博仁 2YB-200-S 型蔬菜精密播种机

穴盘规格（长×宽×高，厘米）	54×28×4.8
空穴率（%）	≤5
工作效率（盘/小时）	≥200

（三）滚筒式穴盘播种机

1. 总体结构和工作原理　滚筒式穴盘播种机常见结构如图 6-13 所示，主要由滚筒体、供种箱、气腔、吸种孔和气管等组成。滚筒式穴盘播种机可以与装盘机、覆土洒水机和接盘机组成播种流水线，集成化、功能化高。工作时，种子由供种箱喂入，滚筒上部是真空室，种子被吸附在滚筒表面吸种孔中，多余的种子被气流和刮种器清理；当滚筒转到下方的穴盘上方时，吸孔与大气流通，真空消失，并与弱正压气流相通，种子下落到穴盘中。

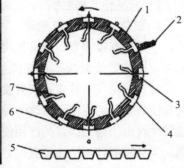

图 6-13　滚筒式穴盘播机及结构

1. 滚筒体　2. 供种箱　3. 气腔　4. 吸种孔　5. 穴盘　6. 种子　7. 气管

2. 参考机型

碧斯凯 M－DSL1200 型滚筒播种流水生产线

最大穴盘规格（长×宽×高，厘米）	70×40×10
功率（千瓦）	7.25
工作效率（盘/小时）	1 200
外形尺寸（长×宽×高，米）	11.7×2.7×1.9

二、移栽机械

榨菜移栽也称定植，指将穴盘或苗床育成的秧苗定植到大田的作业环节，移栽的效果直接影响榨菜后续的生长。浙江大田春榨菜栽培技术要求：秧苗于 11 月上中旬定植大田，株行距（12～13）厘米×（25～28）厘米。目前，榨菜移栽乃以人工作业为主，没有专门用于榨菜的移栽机。移栽机械可分为半自动移栽机和全自动移栽机，针对浙江春榨菜种植农艺和秧苗物理力学特性，以应用较为广泛的吊杯式移栽机和全自动移栽机为例进行介绍，相关单位和企业可以进行相关移栽试验，解决榨菜移栽难题。

（一）吊杯式移栽机

1. 总体结构和工作原理 吊杯式移栽机分为悬挂式和自走式，主要由移栽装置、传动机构、仿形机构、地轮、苗盘支架和覆土镇压装置等组成，悬挂式吊杯移栽机结构如图 6-14 所示。工作时，地轮（悬挂式）或者发动机（自走式）通过传动机构驱动栽植装置上的控制盘转动，控制盘上均布吊杯式栽植器，控制盘转动时由于偏心圆盘的作用使吊杯式栽植器与地面始终保持垂直。当栽植器转到最高位置时，进行投苗；当栽植器转到最低位置时，栽植器杯嘴进行打穴，同时钵苗自由落入穴中，最后由覆土装置进行覆土镇压完成栽植，栽植器关闭并离开地面等待下一次投苗。

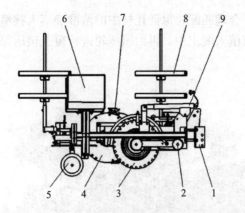

图 6-14　悬挂式吊杯移栽机结构

1. 主架　2. 传动机构　3. 地轮　4. 移栽装置　5. 覆土镇压装置　6. 座椅
7. 吊杯式栽植器　8. 苗盘　9. 仿形机构

2. 参考机型

鼎铎 2ZB-2 型自走式吊杯移栽机

种植行数	2
种植株距（厘米）	10～60
种植行距（厘米）	25～50
工作效率（株/小时）	2 000～8 000
外形尺寸（长×宽×高，毫米）	2 200×1 300×1 560

（二）全自动移栽机

1. 总体结构和工作原理　全自动移栽机一般由底盘、传动系统、操作控制装置、载苗架、取苗爪、鸭嘴和覆土轮等组成，结构如图 6-15 所示。全自动移栽机作业效率高，符合发展趋势，但对育苗的标准化和均一性要求很高。作业时，苗盘放置于移箱内，通过机载触摸屏控制伺服电机将苗盘移动到合适位置后，取苗爪将秧苗从苗盘中夹取出来，并移动到旋转托杯正上方；随后取苗爪按照设定时序实行推苗动作，秧苗随即落入托杯中；鸭嘴和旋转托杯合理匹配，保证托杯中的苗准确落入鸭嘴中；最后由鸭嘴将秧苗植入泥土中，再由镇压轮进行覆土镇压保证秧苗的直立度。

图 6-15　全自动移栽机结构

2. 参考机型

洋马 PF2R 乘坐式全自动移栽机

种植行数	2
种植株距（厘米）	45
种植行距（厘米）	26～80
工作效率（公顷/小时）	0.13
外形尺寸（长×宽×高，毫米）	3 160×1 795×1 925

三、直播机械

近年来，国内多家科研单位和农业技术推广部门对榨菜直播技术进行了探索和研究，采用直播机直播榨菜具有省工、节本、减轻病毒病发生等优点，具有明显成效，是未来榨菜种植的发展趋势。目前，浙江宁波多个榨菜种植合作社引进了多台 2BS-J10、SW-10 蔬菜精密播种机用于榨菜直播试验，榨菜机械化直播技术日趋成熟。

（一）机械式播种机

1. 总体结构和工作原理　以 2BS－J10 型蔬菜精密播种机为例进行介绍，主要由发动机、底盘、驱动轮、镇压轮、排种器、开沟器、传动机构和种子箱等部分组成，结构如图 6-16 所示。工作时，发动机动力经传动系传递到驱动轮，驱动播种机前进，开沟器进行开沟作业；同时，动力传递到前链轮，带动镇压轮对畦面进行镇压；前链轮通过链传动到后链轮，后链轮轴再带动播种轮旋转进行播种，最后驱动轮进行压实，完成播种作业。

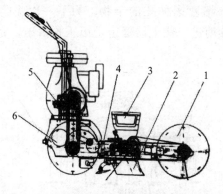

图 6-16　2BS－JT10 型蔬菜精密播种机结构

1. 镇压轮　2. 开沟器　3. 种子箱　4. 传动机构　5. 发动机　6. 驱动轮

2. 参考机型

康博 2BS－JT10 型蔬菜精密播种机

配套动力（千瓦）	2.94
种植株距（厘米）	2.5～51
种植行距（厘米）	9～90
工作效率（公顷/小时）	0.2～0.4
外形尺寸（长×宽×高，毫米）	1 050×1 025×860

（二）气力式播种机

1. 总体结构和工作原理　气力式播种机一般由传动地轮系

统、镇压轮、排种装置和播种风机系统等部件组成，结构如图6-17所示。工作时，拖拉机输出轴带动风机高速转动，形成稳定的正负压强，通过管道，正负压与减磨盘相通，作用于排种盘上播种孔，负压使种子稳定吸附其上；传动地轮通过链轮传动系统带动排种盘旋转，播种盘上吸附的种子经过剔种刀，剔去多余的种子，保证每个播种孔仅吸附一粒种子，继续旋转到达泄种器处，泄种器强制落种，脱离吸附状态，种子靠重力落入下方的开沟条开出的落种沟内，正压对排种盘孔进行吹杂，吹去堵塞排种孔的杂物，为下一次吸附种子做好准备，机器继续前进，覆土器覆土，镇压轮镇压，完成一个播种循环。

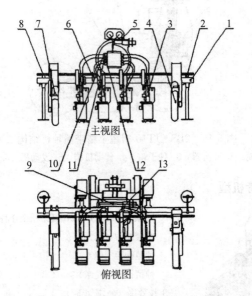

图 6-17　气力式蔬菜精密播种机结构

1. 机架　2. 支架　3. 镇压和排种装置　4. 地轮装配（右）　5. 悬挂装配
6. 连接支臂装配　7. 地轮装配（左）　8. 六方轴　9. 风机装配
10. φ32 带钢丝软管　11. φ21 带钢丝软管　12. 喉箍　13. φ59 带钢丝软管

2. 参考机型

德沃 2BQS‑8X 型气力式蔬菜精密播种机

配套动力（千瓦）	≥58.5
苗带间距（厘米）	60～130
作业行距（厘米）	≥32
作业速度（千米/小时）	3～5
外形尺寸（长×宽×高，毫米）	2 500×1 880×1 530

第四节　大田管理机械

榨菜直播或者定植之后需要各种大田管理，为榨菜生长、丰收创造良好条件，榨菜大田管理主要包括追肥、中耕除草、病虫防治等，涉及相关的机械主要包括施肥机械、株间除草机和植保机械。

一、施肥机械

榨菜在整个生长过程中通过根部汲取营养成分，以供给各个部位生长发育的需要。因此，榨菜在定植后，需要及时追施化肥，增强地力，使榨菜达到增产的目的。目前，采用化肥抛撒或施入根侧地表以下的方式，一般采用离心圆盘式撒肥机、微型施肥机和中耕施肥机。

（一）离心圆盘式撒肥机

1. 总体结构和工作原理　离心圆盘式撒肥机一般由肥料箱、搅拌器、驱动器、排肥量调节控制杆、排肥筒和排肥量控制器等组成，结构如图 6-18 所示。工作时，肥料箱内的肥料在搅拌器的作用下流到转动的排肥筒，肥料在离心力的作用下以接近正弦波的形式均匀撒开，施肥宽度可调。

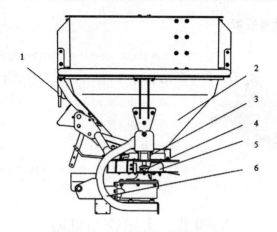

图 6-18　离心圆盘式撒肥机结构

1. 排肥量调节控制杆　2. 肥料箱　3. 排肥量控制器　4. 驱动器
5. 排肥筒　6. 弯管架

2. 参考机型

佐佐木 CMC500 型撒肥机

配套动力（千瓦）	33.0～51.5
肥箱容量（升）	500
最大作业宽度（米）	5
作业速度（千米/小时）	2～15
外形尺寸（长×宽×高，毫米）	4 000×1 500×1 600

（二）微型施肥机

1. 总体结构和工作原理　微型施肥机主要结构组包括发动机、机架、行走轮、驱动轮、扶手、排肥器、肥料箱和变速箱等组成，结构如图 6-19 所示。工作时，发动机的动力传递给驱动轮，带动驱动轮转动进而驱动整个行走机构正常运转，从而带动机具向前运动。驱动轮除了驱动整个行走机构正常运转外，还与变速箱链接，动力经过减速后通过链传动带动外槽轮式排种器运转，实现微型施肥机的施肥工作。

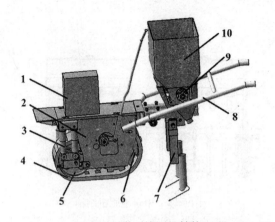

图 6-19　微型施肥机结构

1. 发动机　2. 机架　3. 弹簧减振装置　4. 铁履带　5. 行走轮
6. 驱动轮　7. 开沟器　8. 扶手　9. 排肥器　10. 肥料箱

2. 参考机型

雷力微型施肥机

配套动力（千瓦）	4.2
作业效率（亩/小时）	1
外形尺寸（长×宽×高，毫米）	1 100×745×900

（三）中耕施肥机

1. 总体结构和工作原理　中耕施肥机主要结构组包括覆土铲、施肥铲、施肥铲支架、排肥器、肥箱、三点悬挂装置、机架和地轮等，结构如图 6-20 所示。工作时，中耕施肥机通过三点悬挂装置连接到拖拉机后方，拖拉机带动中耕施肥机前进，地轮通过与地面摩擦力转动带动排肥器，肥料通过肥管施在之前施肥开沟器开在跟侧的沟里，最后进行覆土，实现中耕施肥机的施肥工作。

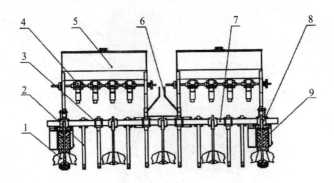

图 6-20 中耕施肥机结构

1. 覆土铲 2. 施肥开沟器 3. 施肥开沟器支架一 4. 排肥器 5. 肥箱
6. 三点悬挂装置 7. 机架 8. 施肥开沟器支架二 9. 地轮

2. 参考机型

3ZF-6型中耕追肥机

配套动力（千瓦）	40～73
单个肥箱容量（升）	70
工作深度（毫米）	30～120
作业速度（千米/小时）	7～10
外形尺寸（长×宽×高，毫米）	4 600×1 730×350

二、株间除草机

1. 总体结构和工作原理 株间除草机主要由相机、主控箱、固定机架、横移机构、锄草手、仿形机构、测速单位和导向轮等组成，结构如图 6-21 所示。工作时，利用机器视觉技术获取田间苗草信息，实现农作物苗株定位，主控箱控制锄草手清除苗间杂草且准确避开农作物苗株。

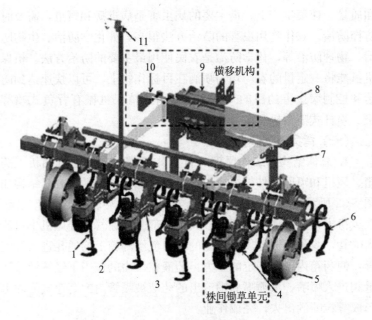

图 6-21　株间除草机结构

1. 株间锄草手　2. 仿形轮　3. 仿形机关　4. 测速单元　5. 导向轮　6. 行间锄草刀
7. 机架　8. 主控箱　9. 固定机架　10. 横移机架　11. 相机

2. 参考机型

<table>
<tr><td></td><td>博田智能锄草机</td></tr>
<tr><td>配套动力（马力）</td><td>80～90</td></tr>
<tr><td>锄刀定位精度（毫米）</td><td>≤10</td></tr>
<tr><td>杂草去除率（%）</td><td>80</td></tr>
<tr><td>作业速度（千米/小时）</td><td>2</td></tr>
<tr><td>耕深（毫米）</td><td>10～20</td></tr>
</table>

三、植保机械

榨菜在生长发育过程中，经常遭受病虫害，影响最终的产量和质量。榨菜生产上，最主要的病虫害是病毒病和蚜虫，需及时防控防治。农作物病虫害的防治方法很多，如化学防治、生物防治、物理防治等，化学防治是农民使用最主要的防治方法。植保机械能将一定量的农药均匀喷洒在目标作物上，可以快速达到防治和控制病虫害的目的。目前，常用的植保机械有背负式喷雾机、喷杆式喷雾机和植保无人机等。

（一）背负式喷雾机

1. 总体结构和工作原理 背负式喷雾机一般由汽油机、药箱、风机和喷射部件等组成，喷雾性能好，适用性强，其结构如图 6-22 所示。工作时，汽油机带动风机叶轮旋转产生高速气流，在风机出口处形成一定压力，其中大部分高速气流经风机出口流入喷管，少量气流经风机一侧的出口流经药箱上的通孔进入进气管，使药箱内形成一定的压力，药液在压力的作用下经输液管调量阀进入喷嘴，从喷嘴周围流出的药液被喷管内的高速气流冲击形成雾粒喷洒出去，完成作业。

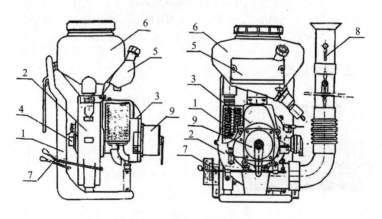

图 6-22　背负式喷雾机结构

1. 机架　2. 风机　3. 汽油机　4. 水泵　5. 油箱　6. 药箱
7. 操纵部件　8. 喷洒部件　9. 起动器

2. 参考机型

永佳 3W－700J 型背负式喷雾机

配套动力（千瓦）	2.2
药箱容积（升）	20
射程（米）	≥16
耗油率（克）	554
包装尺寸（长×宽×高，毫米）	500×440×780

（二）喷杆式喷雾机

1. 总体结构和工作原理　喷杆式喷雾机一般由发动机、变速箱、转向系统、药箱、喷杆升降系统、喷杆折叠系统和驾驶室等组成，作业效率高，喷洒质量好，广泛用于大田作物病虫害防治，其结构如图 6-23 所示。工作时，发动机驱动液压泵，液压泵驱动行走马达使喷雾机前行和后退；喷杆在调节机构作用下可以实现喷杆升降、折叠、展收等动作；发动机带动液泵转动，药液从药箱中吸出并以一定的压力，经分配阀输送给搅拌装置和各路喷杆上的喷头，药液通过喷头形成雾状后喷洒。

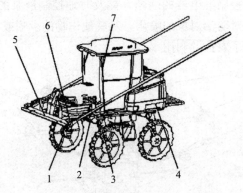

图 6-23　自走式喷杆喷雾机结构

1. 行走马达　2. 轮距可调系统　3. 转向系统　4. 药箱　5. 喷杆升降系统
6. 喷杆折叠系统　7. 驾驶室

2. 参考机型

永佳 3WSH‑500 喷杆式喷雾机

配套动力（马力）	22
药箱容积（升）	500
喷洒幅度（米）	12.2
作业效率（亩/小时）	80～120
整机尺寸（长×宽×高，毫米）	4 000×1 800×2 700

（三）植保无人机

1. 总体结构和工作原理　　植保无人机一般由电池、电机、飞行桨、机架、控制系统、药箱和喷头等组成，其结构如图 6-24 所示。植保无人机具有作业效率高、单位面积施药量少、自动化程度高、劳动力成本低、安全性高、快速高效防治、防控效果好和适应性强等优点。工作时，操作人员将植保无人机飞行到指定作业区域上空或者自主飞行，打开无线遥控开关，液泵通电运转，将药箱中的药液通过软管输送到喷杆，最后由喷头喷出。无线遥控开关控制继电器的通断，能及时地控制液泵的工作状态，从而能实现对防治对象的喷洒，对其他作物的少喷或不喷，合理有效地提高了农药的利用率。

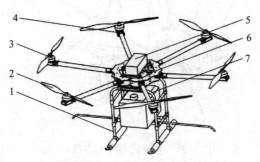

图 6-24　植保无人机结构

1. 机架　2. 飞行桨　3. 电机　4. 喷头　5. 电池　6. 控制系统　7. 药箱

2. 参考机型

大疆 T16 型植保无人机

最大功率（千瓦）	5.6
药箱容积（升）	15
喷洒幅度（米）	4~6.5
作业飞行速度（米/秒）	7

整机尺寸（长×宽×高，毫米）2 520×2 212×720

第五节　收获机械

　　榨菜收获作业量大、强度高，收获作业量占整个生产作业量的 40% 以上，榨菜实现机械化收获可以提升榨菜生产效率 2 倍以上。而我国的榨菜机械化水平基本属于空白阶段，以人工收获为主，导致榨菜收获人工成本高和"用工荒"问题突出，生产成本增高，实现榨菜机械化收获越来越迫切。

　　榨菜是我国的特色农产品，国外种植榨菜的少之又少，故目前还没有针对榨菜机械化收获的专用机型。针对榨菜收获作业量大、收获机械空白的情况，国内一些科研单位和企业对榨菜收获机进行了初步探索，并且取得了一定研究成果，但都还处于科研样机研制和试验阶段，尚未进行批量生产上市。本节将国内榨菜收获机研究现状进行介绍，并提出榨菜机械化收获技术发展建议。

一、国内榨菜收获机的研究现状

　　西南大学龚境一等调查分析丘陵山区地形特点和榨菜的种植收获农艺要求，测定了榨菜物理形态参数和榨菜缩短茎基础力学参数，设计了一款与微耕机匹配作业，具有自动对行、单行电动切割及倒铺功能的榨菜切割装置，主要由对行机构、电动切割系统、护刀板、倒铺板、平行四杆连接机构、底板组成，切割装置和整机结构如图 6-25、图 6-26 所示。试验样机田间测试结果说明，榨菜切割装置匹配微耕机的田间作业性能基本满足设计要求及榨菜收获要求，能够在 300 毫米行距的狭窄环境中进行作业，榨菜能顺利通过对行机构进入护刀板间的切割通道被圆锯片切割。观察发现，茎瘤均无较大程度的破损，榨菜切口表面平整，达到了茎瘤破损率低于 15% 的收获要求。该装置仅进行切割作业，收集作业还需人工进行，劳动强度依然较高。由于丘陵山区土地不平，整切割装置工作有时会发生土块堵塞切割通道的现象，还需进一步优化改善。

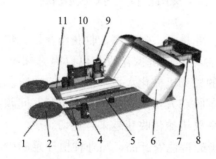

图 6-25　切割装置结构

1. 对行圆盘　2. 单向滚针轴承　3. 对行支杆　4. 紧固螺栓　5. 护刀板　6. 倒铺板
7. 平行四杆连接机构　8. 预紧弹簧　9. 直流减速电机　10. 圆锯片　11. 底板

图 6-26　整机结构

西南大学叶进等基于榨菜物理特性，设计了一款集扶叶、夹持拔取、输送及切叶等功能于一体小型自走式榨菜收获机。该机适宜于丘陵山区，整机尺寸小，传动路线简单，可靠性高，提高丘陵山区榨菜收获效率，主要由动力总成、变速箱、机架、扶手、扶叶器、夹持输送带、切根刀盘、切叶切茎刀和行走轮等组成，结构如图 6-27 所示。工作时，扶叶器将散开的茎叶直立扶起，并通过一定的张角将茎叶渐渐扶拢送至夹持机构入口；夹持橡胶带与夹持中间支架辐条将茎叶渐渐夹紧，并与地面形成一定角度做斜向上运动，以完成榨菜的垂直方向拔取和水平向后输送；在夹持的同时，切根装置在机架的前行推力和土壤摩擦力的双重作用下被动旋转并向前滚动，完成切根动作；夹持运输的过程中，位于夹持带上方和下方并与夹持带线速度方向呈一定角度布置的两把切刀完成榨菜的除缨操作；切断茎叶后的榨菜在重力的作用下掉入位于机架下部的料

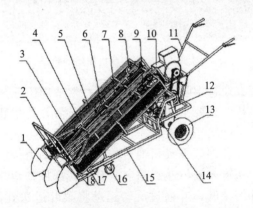

图 6-27　榨菜收获机结构

1. 扶叶器　2. 飞拱　3. 拔取夹持装置外机架　4. 内支架　5. 弹性齿夹持输送带
6. 切叶切茎刀　7. 中间支架　8. 大夹持带轮　9. 直角换向器　10. 动力总成
11. 扶手　12. 减速箱　13. 行走轮　14. 离合器组件　15. 主机架
16. 万向轮　17. 切根刀盘架　18. 切根刀盘

箱中。田间试验表明，该款榨菜收获机对于丘陵山区适应性强，能初步解决榨菜机械化收获的问题。但还存在些许不足，如土壤与榨菜根部作用力较大，有些菜头不能被夹持带拔起；收获样机设计不够紧凑，转弯半径较大；无对行功能，由于榨菜行的直线度较低，容易发生夹持茎叶失败的现象；整机重心较高，在大坡度地块转向困难，且易侧翻；整机操作较为复杂，控制系统过于原始和简单。

图 6-28　榨菜收获机田间试验

　　重庆市农业科学院冯伟等研发了一款适用于丘陵山区的小型榨菜收获机，主要由切叶装置、排叶装置、切根装置、纵向输送装置、横向输送装置、提升装置和机架等组成，结构如图 6-29 所示。工作时，发动机通过传动系统将动力传递到割台输入轴上，并从输入轴传递到割台所有旋转部件；切叶装置切除榨菜头上部的菜叶，并通过旋转运动将菜叶运送到排叶机构，排叶机构将菜叶推送到割台外部，同时切根装置随着收获机的运动向前行走，前段紧紧贴着地面，榨菜根部通过中间缝隙的刀刃切断，最后通过输送装置及提升装置将榨菜头输送到清选系统。正交试验分析结果表明，当切叶机构转速为 750 转/分，切根装置与地面夹角 20°，喂入螺旋转速 250 转/分时，收获损伤率最低；当切叶机构转速为 750 转/分，切根装置与地面夹角 30°，喂入螺旋转速 250 转/分时，收获含杂率最低。

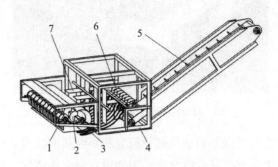

图 6-29　榨菜收获机割台结构

1. 切叶结构　2. 排叶装置　3. 切根装置　4. 机架　5. 提升装置
6. 输送装置　7. 喂入装置

图 6-30　榨菜收获机收获试验

　　重庆市农业科学院农业机械研究所对榨菜联合收获机进行中试试验测试，该机配套动力 3 千瓦，整机质量 300 千克，采用两行对行收获，可实现切根去叶联合作业，作业效率大于 0.5 亩/小时，损伤率小于 8%，具有重量轻、操作灵活、效率高、损伤率低等特点，样机获得初步成功。

图 6-31　榨菜联合收获机收获试验

　　农业农村部南京农业机械化研究所果蔬茶团队肖宏儒等设计了一种自走式榨菜联合收获机，主要由自动引拨装置、圆盘切根装置、机架、行走装置、操控系统、杂质清除装置、输送提升装置、剪叶装置和排叶螺旋滚筒等组成，结构如图 6-32 所示。收

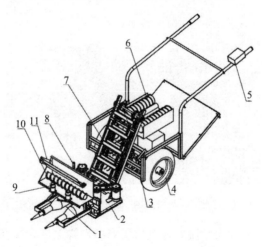

图 6-32　自走式榨菜联合收获机结构

1. 自动引拨装置　2. 圆盘切根装置　3. 机架　4. 行走装置　5. 操控系统
6. 杂质清除装置　7. 输送提升装置　8. 二级剪叶装置　9. 一级剪叶装置
10. 排叶螺旋滚筒　11. 旋转叶片拨轮

获时，行走装置匀速前进，榨菜在对外旋引拨装置的作用下拢叶扶正，同时一级剪叶装置将瘤状茎上方的大部分叶片去除还田；榨菜在高度实时调节的圆盘切根装置和二级剪叶装置作用下精准分离根、茎、叶，并主动向后推送，由输送提升装置运送至机具后方的杂质清除装置，经去杂滚刷清理后收集装箱。

图 6-33　自走式榨菜联合收获机收获试验

农业农村部南京农业机械化研究所果蔬茶团队肖宏儒等针对单行作业效率低的问题，还设计了一种榨菜多行联合收获机，主要由切根机构、仿形调节机构、高度调节机构、履带底盘、收集装置、动力传动机构、切叶机构、机架、夹叶提升输送机构和除叶机构组成，结构如图 6-34 所示。收获时，榨菜被输送至夹叶提升输送机构末端时，瘤茎上方的茎叶将被拢叶对辊拢持，靠近瘤茎处被切叶圆盘刀切割，茎叶落入排叶绞龙排出还田；与此同时，瘤茎掉落至除叶机构的橡胶对辊上，翻转轴带动其翻转，橡胶对辊相对内转向下拽剥残余在瘤茎上的叶片；之后，去叶除杂后的榨菜落到平带升运装置上送至收集箱；收获机在前进过程中，仿形机构根据地面高低自动调节切割高度。

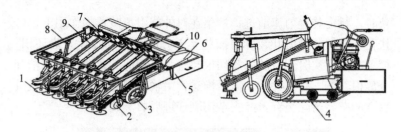

图 6-34　多行联合收获机结构

1. 切根机构　2. 仿形调节机构　3. 高度调节机构　4. 履带底盘　5. 收集装置
6. 动力传动机构　7. 切叶机构　8. 机架　9. 夹叶提升输送机构　10. 除叶机构

吴渭尧发明了一种榨菜收割机，主要由打叶装置、螺旋输送装置、操作室、收储箱、升运装置、卸料装置、机架、除杂装置和履带底盘等组成，能一次性完成断叶、松土、拔出和切跟等作业，结构如图 6-35 所示。工作时，打叶装置打掉榨菜顶端大部分叶片，榨菜根部的泥土接触到位于铲架下方的铲刀处，完成松土、松根、断根；铲架与控制器连接，通过铲架上的行距探头及油缸实现铲刀的调节功能，使其位于更合理的位置；除杂装置将带有短叶柄及少量泥土的榨菜进一步清理，分离残余杂质，获得分离更彻底的干净榨菜；最后通过升运及卸料装置完成榨菜的卸货。

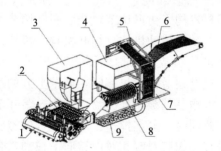

图 6-35　榨菜收割机结构

1. 打叶装置　2. 螺旋输送装置　3. 操作室　4. 收储箱　5. 升运装置
6. 卸料装置　7. 机架　8. 除杂装置　9. 履带底盘

图 6-36　榨菜收割机收割试验

　　吴渭尧还发明了另一款榨菜收割机，主要由菜叶收集装置、夹持拔取装置、菜头菜叶输送带和除杂装置等组成，能够一次性完成榨菜拔取、除泥、切根切叶等功能，结构如图 6-37 所示。工作时，松土铲将榨菜根部土壤铲松，随后夹持拔取装置将榨菜茎叶夹持拔起，双圆盘切割器将榨菜的叶片及根部切下，切下的叶片及根部掉入土壤中，除杂装置将含有少量叶柄及泥土的榨菜进行进一步清理，分离残余杂质，最终干净榨菜传送落入收储箱。

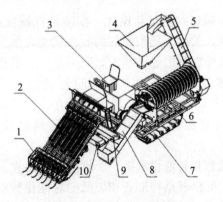

图 6-37　榨菜收割机结构

1. 菜叶收集装置　2. 夹持拔取装置　3. 操作台　4. 收储箱口　5. 升运装置
6. 除杂装置　7. 履带底盘　8. 输送装置　9. 菜叶运输带　10. 运输带

二、榨菜机械化收获技术发展建议

1. 加强榨菜农艺种植规范和农机农艺融合研究　榨菜农艺种植规范与榨菜收获机作业性能有很大的关系，如畦宽、畦面平整度及坚实度、畦高、行距、株距等，两者相辅相成。此外，榨菜生产过程中，整地、播种、移栽等作业环节是否配套也影响收获机的作业性能。因此，在未来的研究中，应该对榨菜农艺种植参数规范化，培育适合机收的榨菜品种，加强农机农艺融合，提高各个环节机具作业的匹配度，形成榨菜机械化作业技术模式。

2. 加强对榨菜物理力学特性研究　以浙江主要榨菜品种为研究对象，测量统计榨菜植株的主要物理形态参数，进行榨菜缩短茎的切割部位试验、切割力正交试验和切割劈裂破损试验，以期得出最佳切割位置，优化切割参数，找出降低或者避免出现切割劈裂破损问题方法，为榨菜收获机的设计提供理论数据，减少收获过程中榨菜的损失率和损伤率，将其控制在农户可接受的范围内。

3. 加强机械结构的优化设计　在满足机械性能的前提下，设计结构简单、紧凑、通用性好的收获机型，最大限度地降低制造成本，减少农户的经济压力，以满足广大的市场需求；同时，现代机械设计理论和方法为问题的解决提供了途径，CAD/CAE软件的运用，优化理论的研究，为进行机械的运动学、动力学仿真提供了技术平台，以达到优化机械结构的目的。

4. 提升收获机智能化水平　目前，榨菜的收获作业环节较为复杂，单一的机械结构形式和较低的智能化程度无法满足作业要求。近年来，随着微电子技术的兴起，导航定位技术、传感器技术、机器视觉技术都得到了快速发展，将机械系统和电气控制、液压控制或气动控制结合起来，实现榨菜收获自动对行、切割高度自动调节、自主导航定位、作业参数实时监测和智能测产等功能，将损失率和损伤率降低，大大提高作业效率。

第六节 加工机械

目前，传统食品加工处于向现代化生产转型的关键时期，榨菜加工也是一样，榨菜传统工艺与现代设备的结合既提高了生产效率，也迎合了新时代市场的消费需求，让榨菜生产焕发新活力。

一、清选机

1. 气泡式清洗机 清洗机采用高压水流和气泡发生装置冲击被清洗物体表面，气泡在与物体接触时破裂产生的能量，会对被清洗物体表面起到一个冲击和刷洗的作用，刷洗被清洗物体表面，将被清洗物体清洗干净（图6-38）。

图6-38 气泡式清洗机

2. 毛刷式清洗机 毛刷式清洗机主要由可移动的毛刷、传送带、喷水管、进料斗和排水口等组成，通过传动机传动毛刷旋转，原料在装满水的槽中受到毛刷的洗刷，再由下面的输送带将其传送出去（图6-39）。

图 6-39　毛刷式清洗机

二、切菜机

榨菜切菜机可根据生产需要切成丝、片、丁，只需更换刀盘，切菜速度双变频调速控制，操作简单、方便、安全，节省人工（图 6-40）。

图 6-40　切菜机

三、巴氏杀菌线

巴氏杀菌法是一种利用较低的温度来杀死病菌的同时保持物

料中的营养物质及风味不变的杀菌法，可最大限度地保持食品的
色、香、味、营养成分和组织质地，已广泛地应用于乳品、食
品、制药、饮料等工业部门，浙江部分企业也已经引进巴氏杀菌
线。2005 年，余姚市针对榨菜防腐剂超标和榨菜质量、档次不
高等问题，制定出台了余姚榨菜地方标准，并对巴氏杀菌设定了
硬性指标。

图 6-41　巴氏杀菌线

四、全自动真空包装机

全自动真空包装机一般由控
制系统、机架、提升给料装置、
电子称重装置、自动抽真空装置
和成品输送装置等组成，全自动
化完成提升给料、称重、拉膜制
袋、充填、抽真空、封切成型和
输送作业。包装时，物料通过自
动提给料装置将物料送入多斗式
电子称重装置，称量后充填入袋
腔内，由自动抽真空装置进行抽
真空并同时热封切成型，最后经
输送装置将成品自动输出。

图 6-42　全自动真空包装机

附录 芥菜类蔬菜绿色栽培技术

　　绿色食品是政府主导的安全优质产品，在市场上受到消费者的喜爱。随着人们生活水平的提高，对食品的要求越来越高。大力发展绿色食品芥菜类蔬菜对增加农民收入、满足市场需要、改善生态环境意义重大。

　　绿色食品芥菜类蔬菜包括鲜食和加工用根芥、茎芥、叶芥和薹芥，它是指遵循可持续发展原则，科学运用生态学原理，在生态环境良好、无污染的区域，严格按照绿色食品全程质量控制要求，全过程标准化生产，并经中国绿色食品发展中心认定，允许使用绿色食品标志的安全、优质的产品。

一、绿色食品芥菜类蔬菜产地环境条件要求

　　绿色食品芥菜类蔬菜生产按照《绿色食品　产品环境质量》（NY/T 391）的要求，基地应选择在生态条件良好、无污染源的地区，远离工矿区、"三废"和公路铁路干线，避开污染源。在绿色食品和常规生产区域之间设置有效的缓冲带或物理屏障，以防止绿色食品生产基地受到污染。建立生物栖息地，保护基因多样性、物种多样性和生态系统多样性，以维持生态平衡。保证基地具有可持续生产能力，不对环境或周边其他生物产生污染。

（一）空气质量要求
　　绿色食品芥菜类蔬菜产地空气质量应符合附表1的要求。

附表 1　空气质量要求

项目	指标		检测方法
	日平均	1 小时	
总悬浮颗粒物（毫克/立方米）	≤0.30	—	GB/T 15432
二氧化硫（毫克/立方米）	≤0.15	≤0.50	HJ 482
二氧化氮（毫克/立方米）	≤0.08	≤0.20	HJ 479
氟化物（微克/立方米）	≤7	≤20	HJ 480

（二）灌溉水要求

绿色食品芥菜类蔬菜灌溉水中各项指标应符合附表 2 的要求。

附表 2　农田灌溉水质要求

项目	指标
pH	5.5～8.5
总汞（毫克/升）	≤0.001
总镉（毫克/升）	≤0.005
总砷（毫克/升）	≤0.05
总铅（毫克/升）	≤0.1
六价铬（毫克/升）	≤0.1
氟化物（毫克/升）	≤2.0
化学需氧量（COD_{Cr}）（毫克/升）	≤60
石油类（毫克/升）	≤1.0
粪大肠菌群[a]（个/升）	≤10 000

　a　灌溉蔬菜、瓜类和草本水果的地表水需测粪大肠菌群，其他情况不测粪大肠菌群。

（三）土壤环境质量要求

按土壤耕作方式的不同分为旱田和水田两大类，每类根据土壤 pH 的高低分为 3 种情况，即 pH<6.5、6.5≤pH≤7.5、pH>7.5。应符合附表 3 的要求。

附表 3　土壤质量要求

项目	旱田			水田		
	pH<6.5	6.5≤pH ≤7.5	pH>7.5	pH<6.5	6.5≤pH ≤7.5	pH>7.5
总镉 （毫克/千克）	≤0.30	≤0.30	≤0.40	≤0.30	≤0.30	≤0.40
总汞 （毫克/千克）	≤0.25	≤0.30	≤0.35	≤0.30	≤0.40	≤0.40
总砷 （毫克/千克）	≤25	≤20	≤20	≤20	≤20	≤15
总铅 （毫克/千克）	≤50	≤50	≤50	≤50	≤50	≤50
总铬 （毫克/千克）	≤120	≤120	≤120	≤120	≤120	≤120
总铜 （毫克/千克）	≤50	≤60	≤60	≤50	≤60	≤60

注：水旱轮作的标准值取严不取宽。

（四）土壤肥力要求

土壤肥力按照附表 4 划分。

附表 4　土壤肥力分级指标

项目	级别	旱地	水田	菜地	园地
有机质（克/千克）	Ⅰ	>15	>25	>30	>20
	Ⅱ	10~15	20~25	20~30	15~20
	Ⅲ	<10	<20	<20	<15
全氮（克/千克）	Ⅰ	>1.0	>1.2	>1.2	>1.0
	Ⅱ	0.8~1.0	1.0~1.2	1.0~1.2	0.8~1.0
	Ⅲ	<0.8	<1.0	<1.0	<0.8
有效磷（毫克/千克）	Ⅰ	>10	>15	>40	>10
	Ⅱ	5~10	10~15	20~40	5~10
	Ⅲ	<5	<10	<20	<5

（续）

项目	级别	旱地	水田	菜地	园地
速效钾（毫克/千克）	Ⅰ	＞120	＞100	＞150	＞100
	Ⅱ	80～120	50～100	100～150	50～100
	Ⅲ	＜80	＜50	＜100	＜50
阳离子交换量〔厘摩尔（＋）/千克〕	Ⅰ	＞20	＞20	＞20	＞20
	Ⅱ	15～20	15～20	15～20	15～20
	Ⅲ	＜15	＜15	＜15	＜15

二、绿色食品芥菜类蔬菜标准化生产技术要求

绿色食品芥菜类蔬菜生产栽培技术除了产地环境质量符合绿色食品标准的要求外，在病虫害防治、肥料选择和农药使用等方面均要符合绿色食品标准的有关要求。

（一）对肥料使用的要求

绿色食品芥菜类蔬菜生产中肥料的选择应符合《绿色食品肥料使用准则》（NY/T 394）的要求。

1. 允许使用的肥料种类 绿色食品芥菜类蔬菜可以使用的肥料种类包括农家肥料、有机肥料、微生物肥料、有机-无机复混肥料、无机肥料和土壤调理剂。

肥料使用能够改善土壤肥力、提供植物营养、提高作物品质和产量。土壤调理剂改善土壤的物理、化学和（或）生物性状、改良土壤结构、降低土壤盐碱危害、调节土壤酸碱度、改善土壤水分状况、修复土壤污染等。

2. 不应使用的肥料种类 绿色食品生产中不应使用的肥料种类包括添加有稀土元素的肥料；成分不明确的、含有安全隐患成分的肥料；未经发酵腐熟的人畜粪尿；生活垃圾、污泥和含有害物质（如毒气、病原微生物、重金属等）的工业垃圾；转基因品种（产品）及其副产品为原料生产的肥料；国家法律法规规定不得使用的肥料。

3. 肥料使用原则 绿色食品生产中所使用的肥料应遵循持续发展、安全优质、化肥减控和有机为主的原则。绿色食品生产所使用的肥料应对环境无不良影响，有利于保护生态环境，保持或提高土壤肥力及土壤生物活性；肥料的种类应选取使用安全、优质的产品，以农家肥料、有机肥料、微生物肥料为主，化学肥料为辅；肥料的使用应对作物（营养、味道、品质和植物抗性）不产生不良后果；在保障植物营养有效供给的基础上减少化肥用量，兼顾元素之间的比例平衡，无机氮素用量不得高于当季作物需求量的一半。

（二）病虫害防治

1. 防治原则 根据芥菜类蔬菜病虫害发生情况，采取以预防为主、综合防治的原则，优先采用农业防治、物理防治、生物防治，科学合理配合化学防治措施。农药施用严格执行《绿色食品 农药使用准则》（NY/T 393）的规定。

2. 主要病虫害 病毒病、蚜虫等。

3. 农业防治 农业防治措施主要是选用抗病品种、合理轮作、培育壮苗、加强栽培管理、及时清除田间及周边杂草。采收结束后，应注意田园清洁，将残叶带出田外处理。

4. 物理防治 采用黄板诱杀蚜虫；采用杀虫灯诱杀蛾类，降低害虫基数。

5. 生物防治 利用生物天敌防治病虫害。

6. 化学防治 应按照《绿色食品 农药使用准则》（NY/T 393）的规定，选择对天敌杀伤力小的低毒农药。

三、绿色食品芥菜类蔬菜采收与包装运输

（一）采收

根据市场和蔬菜成熟情况适时采收。采收时，按照标准分批采收，叶菜类使用塑料周转箱放置，根茎类使用包装袋包装〔周转箱、包装袋符合《蔬菜塑料周转箱》（GB 8868）的规定〕；应在短时间内运抵分拣或加工场所，运输时要轻拿轻放。

（二）产品运输

运输工具应清洁、卫生、无污染；装运时轻装、轻卸、防止机械损伤。运输过程注意防晒、防雨淋，及时通风散热，严禁与有毒有害物质混装。

四、绿色食品芥菜类蔬菜产品质量要求

绿色食品芥菜类蔬菜产品质量应符合《绿色食品　芥菜类蔬菜》（NY/T 1324）的规定。

1. 感官要求　绿色食品芥菜类蔬菜的感官指标应符合附表5的规定。

附表5　绿色食品芥菜类蔬菜感官要求

品　　质	检验方法
同一品种或相似品种，具有该产品固有的形状，色泽正常，新鲜、清洁，无腐烂、畸形、冷冻害损伤、病虫害、肉眼可见杂质，无异味，无严重机械伤，同一包装内大小基本整齐一致	品种特征、色泽、新鲜、清洁、腐烂、冻害、病虫害及机械伤等外观特征，用目测法鉴定 异味用嗅的方法鉴定 病虫害症状不明显而有怀疑者，应用刀剖开目测

2. 污染物和农药残留限量　绿色食品芥菜类蔬菜污染物、农药残留限量应符合 GB 2762、GB 2763 等食品安全国家标准及相关规定，同时符合附表6中的规定。

附表6　绿色食品芥菜类蔬菜污染物、农药残留限量

单位：毫克/千克

序号	项目	限量	检验方法
1	克百威（carbofuran）	≤0.01	NY/T 1379
2	氧乐果（omethoate）	≤0.01	NY/T 1379
3	水胺硫磷（isocarbophos）	≤0.01	NY/T 1379
5	抗蚜威（primicarb）	叶芥、薹芥、茎芥≤0.5 根芥≤0.05	NY/T 1379

（续）

序号	项目	限量	检验方法
6	氯氰菊酯（cypermethrin）	叶芥、薹芥、茎芥≤1 根芥≤0.01	NY/T 761
7	氯氟氰菊酯（cyhalothrin）	叶芥、薹芥、茎芥≤1 根芥≤0.01	NY/T 761
8	啶虫脒（acetamiprid）	≤0.01	GB/T 20769
9	吡虫啉（imidacloprid）	≤0.5	GB/T 20769
10	哒螨灵（pyridaben）	≤0.01	GB/T 20769
11	氟虫腈（fipronil）	≤0.01	NY/T 1379
12	阿维菌素（avermectins）	≤0.01	SN/T 1973
13	百菌清（chlorothalonil）	≤0.01	NY/T 761
14	多菌灵（carbendazim）	≤0.1	GB/T 20769

注：各农药项目除采用表中所列检测方法外，如有其他国家标准、行业标准以及农业农村部公告的检测方法，且其检出限或定量限能满足限量值要求时，在检测时可采用。

3. 芥菜类蔬菜产品申报绿色食品检验必检项目 除感官指标和污染物、农药残留限量项目外，依据食品安全国家标准和绿色食品生产实际情况，绿色食品申报还应检验附表 7 所列的项目。

附表 7 依据食品安全国家标准绿色食品芥菜类
蔬菜产品申报检验必检项目

单位：毫克/千克

序号	项目	限量	检验方法
1	铅（以 Pb 计）	≤0.3	GB 5009.12
2	镉（以 Cd 计）	叶芥菜、薹芥菜≤0.2 根芥菜、茎芥菜≤0.1	GB/T 5009.15
3	联苯菊酯（bifenthrin）	叶芥、薹芥≤4 茎芥≤0.4 根芥≤0.05	NY/T 761

陈贵林，崔世茂，2001. 日本蔬菜产销现状及我国对日蔬菜出口的对策[J]. 中国蔬菜（6）：1-2.

陈利梅，李德茂，曾庆华，等，2009. 不同条件下蔬菜中亚硝酸盐含量的变化[J]. 食品与机械，25（3）：103-105.

陈艳，蒋依琳，唐玉娟，等，2019. 大叶芥菜发酵过程中挥发性成分变化研究[J]. 食品科技，44（11）：90-96.

陈永生，2017. 蔬菜生产机械化范例和机具选型[M]. 北京：中国农业出版社.

陈子文，2016. 锄草机器人电液伺服控制及作物定位信息优化方法研究[D]. 北京：中国农业大学.

杜兆辉，陈彦宇，张姬，等，2019. 国内外旋耕机械发展现状与展望[J]. 中国农机化学报，40（4）：43-47.

范永红，沈进娟，董代文，2016. 芥菜类蔬菜产业发展现状及研究前景思考[J]. 农学学报，6（2）：65-71.

冯伟，李平，张先锋，等，2018. 榨菜收获机割台结构设计与试验[J]. 南方农业，12（34）：127-129、133.

高世阳，2014. 乳酸菌应用榨菜腌制工艺研究[D]. 杭州：浙江大学.

高毓嵘，2010. 维生素C对成品泡菜中亚硝酸盐含量的影响[J]. 中国调味品，35（5）：102-104.

龚境一，2018. 青菜头切割装置的设计与优化研究[D]. 重庆：西南大学.

顾海英，史朝兴，方志权，2004. 中日蔬菜贸易的格局、特征及融合[J]. 农业经济问题（1）：55-58.

郭斯统，吴君华，叶培根，2019. 雪菜的腌制技术[J]. 新农村（11）：34-35.

何珺，谢述琼，杨佳年，等，2015. 12种十字花科蔬菜种子中萝卜硫素含量研究[J]. 食品研究与开发，36（4）：11-13.

胡怀容，2015. 腌制大头菜中腐败微生物的调查及控制研究[D]. 成都：西华大学.

胡志超，彭宝良，田立佳，等，2007. 5X-5型风筛式清选机的研制[J]. 西北农业学报，16（4）：288-291、294.

黄磊，2016. 乘坐式全自动移栽机车架结构仿真分析与优化[D]. 镇江：江苏大学.

姬江涛，贾世通，杜新武，等，2016.1GZN-130V1 型旋耕起垄机的设计与研究[J]. 中国农机化学报，37（1）：1-4、21.

解禄观，2008. 具有自动起动功能的背负式机动喷雾机：中国，CN 200820057062.6[P].

李红斌，陈强，2013.5BGF-5Y 型种子包衣机的研制[J]. 新疆农机化（4）：5-6.

李慧，周芬，潘思轶，等，2018. 真空浸渍对大头菜腌制过程中品质变化的影响[J]. 食品科学，39（14）：36-41.

李静，2013. 高菜低盐乳酸菌发酵腌制工艺研究及 HACCP 体系建立[D]. 合肥：安徽农业大学.

李强，2012. 霉干菜的腌制[J]. 农家参谋（5）：50.

李书华，2006. Vc 和发酵温度对泡仔姜中亚硝酸盐的影响[J]. 中国酿造（2）：34-36.

李学贵，2003. 对榨菜在腌制过程中主要成分变化的探讨[J]. 中国酿造（3）：9-12.

李学贵，2004. 酱腌菜史小考[J]. 江苏调味副食品（1）：29-30.

李艳，2015. 山区微型播种施肥机振动特性分析与优化设计[D]. 合肥：安徽农业大学.

李振，2014. 中耕追肥机施肥铲的设计与试验研究[D]. 哈尔滨：东北农业大学.

刘大群，沈国华，华颖，2009. 发酵蔬菜食品高活性浓缩发酵剂菌株筛选与高密度培养的研究[J]. 中国调味品，34（7）：46-48.

刘大群，张程程，2018. 基于厌氧环境的低盐雪菜挥发性风味物质分析[J]. 食品工业科技，39（22）：225-230.

刘李峰，武拉平，刘庞芳，2006. 中国蔬菜贸易的基本格局、市场特征及发展策略[J]. 中国蔬菜（8）：37-40.

刘佩瑛，1996. 中国芥菜[M]. 北京：中国农业出版社.

刘璞，吴祖芳，翁佩芳，2006. 榨菜腌制品风味研究进展[J]. 食品研究与开发，27（1）：158-162.

刘小宁，王文光，2010. 泡菜中亚硝酸盐的危害及预防措施[J]. 陕西农业科学（4）：109-110.

陆建邦，2001. 胃癌发病因素的流行病学研究进展[J]. 肿瘤防治研究，28（2）：157-159.

吕忠宁，郭文场，等，2001. 四川榨菜[J]. 特种经济动植物（6）：35.

马标，付菁菁，许斌星，等，2019. 有机肥撒施技术及装备研究[J]. 中国农机化学报，40（8）：1-6.

孟秋峰，王毓洪，汪炳良，等，2007. 芥菜分类及茎瘤芥（榨菜）育种技术研究进展[J]. 中国农学通报，23（11）：184-187.

孟秋峰，2018. 榨菜品种资源和高效生产技术[M]. 北京：中国农业出版社.

穆月英，2015 中国对日本蔬菜出口贸易现状及变动趋势[J]. 中国蔬菜（2）：1-5.

沈国华，刘大群，华颖，等，2009. 保持发酵型风味泡菜长货架期的生产技术研究[J]. 中国食品学报，9（6）：110-115.

宋莲军，张平安，等，2010. Vc 与茶多酚对自然发酵泡菜中亚硝酸盐含量的影响[J]. 安徽工业科学，38（2）：900-901.

万正杰，李海渤，姚培杰，等，2018. 芥菜类蔬菜杂种优势利用的研究进展与展望[J]. 华中农业大学学报，37（1）：115-120.

王丽君，尹彦礼，苗彬，2005. 针吸式穴盘自动播种机的研制与试验[J]. 农业机械（3）：102.

王萌，2011. 根用芥菜（*Brassica juncea* var. *megarrhiza* Tsen et Lee）花药培养与游离小孢子培养技术体系研究[D]. 武汉：华中农业大学.

王玉伟，2015. 吊杯式栽植器参数化设计及试验研究[D]. 呼和浩特：内蒙古农业大学.

吴文还，2018. 梅干菜的制作技术[J]. 农村百事通（17）：42.

肖宏儒，2019a. 一种青菜头多行联合收获机：中国，CN 201911111282.1 [P].

肖宏儒，2019b. 一种自走式青菜头联合收获机：中国，CN 201910125923.2 [P].

徐立伟，翟滕子，2018. 一种液压翻转犁的结构设计与分析[J]. 农业科技与装备（4）：19-20、23.

许牡丹，毛跟年，2003. 食品安全与分析检测[M]. 北京：化学工业出版社.

燕平梅，2007. 发酵蔬菜中亚硝酸盐含量及优良发酵菌种筛选的研究[D]. 北京：中国农业大学.

杨性民，刘青梅，徐喜圆，等，2003. 人工接种对泡菜品质及亚硝酸盐含量的影响[J]. 浙江大学学报，29（3）：291-294.

余文华，杜丹青，张颖，等，2012. 耐低温乳酸菌发酵泡菜的研究[J]. 食品与发酵科技，48（6）：17-19.

袁守利，陈昌，董柯，2015. 3WPZ-500 自走式喷杆喷雾机液压系统设计[J]. 武汉理工大学学报（信息与管理工程版），37（6）：855-859.

张德权，艾启俊，2003. 蔬菜深加工新技术[M]. 北京：化学工业出版社.

张岩，肖更生，陈卫东，等，2005. 发酵蔬菜的研究进展[J]. 现代食品科技，21（1）：184-186.

浙江省农业机械学会，2018. 现代农业装备与应用[M]. 杭州：浙江科学技术出版社.

周光燕，张小平，钟凯，等，2006. 乳酸菌对泡菜发酵过程中亚硝酸盐含量变化及泡菜品质的影响研究[J]. 西南农业学报，19（2）：290-293.

朱莉莉，罗惠波，黄治国，等，2018. 大头菜等蔬菜腌制工艺研究现状与展望[J]. 中国酿造，37（7）：11-16.

朱薇，2005. 腌雪菜制坯及风味研究[D]. 长沙：湖南农业大学.

株式会社佐佐木，2013. 圆盘有机肥料撒肥机（CMC500）：中国，CN 201330050036.7[P].

Buckenhuskes H J，1997. Fermented vegetables. In Food Microbiology：Fundamentals and Frontiers [M]. ASM Press.

Di Cagno R，Coda R，De Angelis M，et al，2013. Exploitation of vegetables and fruits through lactic acid fermentation [J]. Food Microbiology（33）：1-10.

Leroy F，De Vuyst L，2014. Fermented food in the context of a healthydiet：how to produce novel functional foods? [J]. Current Opinion in Clinical Nutrition and Metabolic Care（17）：574-581.

Morlika Eichholzer，M Dietary Nitntes，1998. Nitrites，and N-Nitroso Compounds and Cancer Risk：A Review of the Epidemiologic Evidence Nutrition Reviews，56（4）：95-105.

Pasquale Filannino，Raffaella Di Cagno，Marco Gobbetti，2018. Metabolic and functional paths of lactic acid bacteria in plant foods：get out of the labyrinth [J]. Current Opinion in Biotechnology（49）：64-72.